はじめに

この世界は光に満ち溢れていて、自然は光の営みを次から次へと様々な形で見せてくれる。地球影や空にかかる虹などのような壮大なものから、スプーンの曲面に逆さに映る自分の姿やコップの中に生まれる不思議な景色などの身近なものまで、その仕掛けは様々だ。そんな光を見ることが子供の頃から大好きだった。念願叶って大学で本格的に光学を学んで以来、社会人になってからもずっと光に関する研究開発に携わってきた。最先端の光学を研究し、世の中の役に立つ技術に仕上げていくことはとても面白かった。しかし、ある日、ふと思ったのだ。僕が子供の頃から大好きだった光って、もっと身近なものではなかったかと。それらは、暗室の中の除震台[illegible]複雑に巡るレーザー光線なんかではない。役に立つとか、いくら儲かるとか、そんなことも全く関係な[illegible]の野原の陽炎、夏の舗装道路の逃げ水、金魚鉢が放つ虹、お風呂の底のゆらゆらなど、みんな身近なとこ[illegible]ったものだ。そういう日常の光に、子供の頃の僕は心から驚き、ワクワクウキウキし、そして飽きること[illegible]続けていたのだ。

[illegible]な素朴な楽しみをもう一度見つめなおすために、2010年から「ひかりのひゅー」というタイトルのブ[illegible]綴り始めた。特に誰かに向けてということもなく、自分のために書き殴った気ままな文章である。文章が[illegible]か溜まってきた頃、縁あってオプトロニクス社の月刊オプトロニクスにコラム「ひかりがたり」を連載す[illegible]ことなった。2014年のことである。その頃、僕はまだ会社員だったので、本名を明かさないために、[illegible]之助というペンネームを使っていた。随分と時間をかけて考えたのだけれども、今から考えれば、B級時代劇の登場人物のようで恥ずかしい。それはさておき、「ひかりがたり」の連載もいつの間にやら100話を超えた。光の話題は尽きないのである。

この本は「ひかりのひゅー」「ひかりがたり」からピックアップした文章を一冊にまとめたものである。どの話題も、毎回その時の気分で気ままに選んだ題材であり、意図した順番など無いから、適当なページをえいやと開いて読んでいただいて全く大丈夫である。言うまでもなく、この本は教本では無い。子供の頃に比べれば多少は知識が増えたから、時には理屈っぽい言い回しが出てくることがあるかもしれないけれども、何かの役に立つなどということは一切考えず、日々、目にする身近な光について、感じるままの事柄を気楽にゆるく綴ったものだ。そうはいっても、基礎知識が足りないと自覚している事柄については、できる限り手を尽くして調査を行ったつもりである。中には僕の理解不足や思い込みのために、誤った記述があるかもしれない。それに加えて、時には独断やら妄想やらが入り乱れている。それらについては、どうかおおらかな気持ちで、ふふんと鼻で笑ってやり過ごしていただければ幸いである。何はともあれ、読者の皆さんには、気楽に読んでいただいて、ともすれば見逃してしまっているここかしこに、実は光の森羅万象が宿っているのだということを気づいていただければと願うのである。

目次

光ひかひか

光（ひかり）という言葉は重要で、「朝の光」「希望の光」、「聖なる光」、「新幹線ひかり号」、「光源氏」「光が丘団地」「光ファイバ通信」など、さまざまな場面で使われている。僕たちにとって光は、あるときには空気のような存在であるが、あるときには生活を支える重要な技術としての存在となり、そしてまたあるときには希望や神秘を秘めた極めて特別な存在となる。そのことが言葉として広く使われることにつながっているのだろう。

そもそも、「ひかり」という呼び名はどうやって形成されてきたのだろうか。きちんと調べたわけではないが、もともとは「ひかる」という動詞があって、そこから名詞として「ひかり」が出てきたらしい。小学館日本語源大辞典によると、「ひかる」という言葉の語源は以下のように述べられている。

ひかる【光る】 光を放つ。光を反射する。
語源説①ヒカメク・ヒカヒカと同語源。②光線の様子がピカピカという発音の活発であるのに似ているところから。③ヒケハル（日気張）の義。④ヒカアル（日香有）の義。⑤ヒカガル（日赫る）の意。⑥ヒカリ（日借）の義。⑦ヒカルキ（日軽）の義。⑧ヒキタリ（火来、日来）の義。⑨日明るの義。⑩ヒカカリの義

語源説が10もあるのだ。僕はこの分野の専門家ではないので、どれが正しいとか正しくないとか、自分の説を主張することはできない。だいたい、光そのものは人間が作り出したものではなく、宇宙創成の時から自然界に満ち溢れていたものだから、それを示す言葉がいろいろなかたちで発生してもおかしくはない気がする。

個人的好みからいえば、僕は「ヒカヒカ」が好きだ。ヒカヒカはその後、ピカピカに変わっていく原始の言葉

らしい。太古の人々が、ようやく言葉を使えるようになったころ、太陽や火の輝きを「ヒカヒカ」と呼んだのはずいぶん自然なことに感じる。いまだって、幼児が犬のことを「ワンワン」と言ったり、車のことを「ブーブー」と言ったりするようなものだ。恐ろしい闇夜を過ごした後に地平線から昇る朝日を見た瞬間、神々しい火山の噴火を見た瞬間などに、「おー　ヒカヒカ！」と、人々が感嘆の声を上げることを想像すると、なんとも微笑ましい気分になるではないか。「ヒカガル（日赫る）」なんかは、もっともらしくはあるけれども、どうも優等生の考えたことみたいで、面白味に欠ける。やっぱり僕は、ヒカヒカ派である。

ところで、もしも今でも「ヒカヒカ」が使われていたらどうだろう。光工学は「ヒカヒカこうがく」、光物性は「ヒカヒカぶっせい」光源氏は「ヒカヒカげんじ」などとなる。

「私の出世は親の七ヒカヒカのおかげでして…」とか、「希望のヒカヒカがみえてきたぞ」とか、「君の未来にヒカヒカあれ」とか、「新幹線ヒカヒカ号は3番ホームより発車します」とか、ずいぶん平和な感じがして良いじゃないかと思うのである。

光の正体

昼間、世界には光が満ち溢れているのだが、そんなときには僕は光の存在などすっかりと忘れてしまっている。夕闇迫るころ、沈みかけた太陽が空に山や雲の壮大な影を映し出したりすると、僕は光の存在を強く感じる。そして、光とは一体何者なのだろう、と考え始めるのだ。

物を見るということは、視細胞の中の分子の、さらにその中の電子が光を感じて震えることから始まる。その震えは新たな電荷を発生させ、その結果生じた電気信号が神経細胞によって脳に伝達されて、光を見たと感じる。すなわち、僕たちは視細胞の中の電子が運動をしたら、そこに光が来たと認識しているだけで、光そのものを直接認識している訳ではない。

　幾何光学、古典的な電磁気学、相対性理論、量子力学を駆使すれば、僕たちが目にする光の現象のほとんどを説明したり予測したりすることができる。しかし、それらは光のふるまいを説明しているだけであって、光が何者であるのかを説明はしていない。いろいろな実験や測定はそれらの理論が正しいことを証明しているけれども、結局それは電子の震え方からの予測に過ぎない。波になって連なっている光や、粒子として飛んでいる光を直接見た者はいないのだ。

　そんな謎があるからこそ、光は魅力を失わないのかもしれない。まあ、魅力があるからと言って、光の正体を暴くのを生業にしてしまったら、よほどの天才だって人生棒にふってしまうだろう。せいぜい、酔った時の楽しみとして、光の正体について勝手な妄想を膨らませているのが、凡人の僕にはちょうどよさそうだ。

光源氏の色についての浅はかな考察

　源氏物語の名を知らぬ人はまずいないだろう。しかし、この物語を読みとおした人は案外少ないのではないかと思う。僕はといえば、最初は無謀にも原文に挑戦し、桐壺で早くも敗れ去った。その後、ふたたび思い立ち、今度は谷崎潤一郎の現代語訳に挑むことになる。他の本に何度も浮気をしながらも、なんとか読みとおすことができたのは、ほぼ一年後だった。

　源氏物語といえば光源氏を中心とした物語である。光源氏は女性にとってたいそう魅力的な人物で、つぎつぎと女性遍歴を重ねていく。まったくうらやましい男である。実はそれだけではない。頭が良くて、思いやりと強さを兼ね備えた性格を持ち、長じてからは優れた執務の手腕を発揮した実力者でもあるのだ。凡人の僕からすれば、けっこういやな奴にも思える。美しさと賢さから、子供のころから「光る君」ともてはやされ、それが光源氏という呼び名につながっている。ちなみに源氏というのは臣籍に降下した皇族を指す言葉なので、光源氏は「光る源氏」の意味であり、本名ではない。

ところで、「光る君」である光源氏の光は何色だったのだろうか、ということが気になってしかたがない。桃色と言ってしまうとなんとなく浅はかすぎる気がする。金色に輝いていたかと言えば、そんな成金的なぎらぎらという感じでもない。

少し視点を変えて、光源氏の正妻の色を見てみよう。光源氏の正妻は、葵の上、紫の上、女三宮の三人だ。紫の上は正式な手続きを踏んでいないので正妻ではないということであるが、実質上ということであれば正妻としてかまわないだろう。

まずは葵の上。日本の伝統色には葵色というのがあり、薄青と薄紫の重ね色目となっている。重ね色目とは、着物の生地の表裏や、重ね着で用いる異なる色の組み合わせのことを指す。また、両方の色を織り込んだ生地も重ね色目と言われるらしい。葵色は、ざっくりといえば、紫と青の中間くらいの色だろう。葵の上と夫婦であった時期、光源氏は駆け出しながらも出世街道を走りはじめていた。最初は盛り上がらなかった夫婦仲がようやく深いきずなで結ばれはじめたとき、葵は光源氏のアバンチュールの相手の一人である六条御息所の生霊に殺されてしまう。

さて、二番目の正妻が紫の上。その名の通り、色は純粋に紫だろう。紫の上は、光源氏が願って手に入れた妻である。紫との結婚生活の時期は、光源氏絶頂の時期にあたる。女性問題による失脚で、いったんは須磨に都落ちしたものの、神がかり的にすぐに帰京の運びとなり、その後はとんとん拍子で出世街道まっしぐらだ。ついには准太上天皇（天皇に准じた位）という破格の扱いを受けるにいたるのである。しかし、この絶頂は、女三宮の登場で崩れ去ってしまう。

最後の正妻が女三宮。名前がない。そして色がない。二人の間には愛情が生れぬまま、結局、女三宮が柏木との不義の子、薫を生み、その苦悩の中に夫婦生活は幕を閉じる。光る君であった光源氏から光を奪ってしまったとすれば、女三宮は無色というよりは、むしろ吸収体のような存在だったともいえる。光源氏は、この時期も紫を愛していた。しかし、紫の上がわが身の不安定さをはかなんで病死してしまうと、光源氏はその光をまったく失い、そして出家してしまう。

こうやって見てくると、光源氏の光は、正妻の色が葵色（青と紫の中間：波長は４３０～４５０㎚くらい）のときに強さを増し、紫（４００～４３０㎚くらい）のときにその輝きは絶頂期を迎え、無色（あるいは吸収体、黒かもしれぬ）のときに輝きを失う。このことから察するに、光源氏の光は、自ら光る自発光ではなく、女性の光によって誘起されるフォトルミネッセンスであったのではないかと考えられる。葵色よりも光エネルギーが高い紫色でその輝きが強くなったことということも、この考えを支持しているように思える。その色は、青よりもエネルギーが低い緑や黄色、赤などだろう。妻の発する光と混ざれば、白っぽく輝いて見えたかもしれぬ。そして、紫の死であっという間に光を失ってしまった、すなわち、発光の寿命（発光の尾引きの時間の長さ）が短かったということから、発光寿命が長い燐光ではなく、蛍光がその発光の正体であると、酒に霞んだ僕の頭脳は結論を下すのだ。

そうか、光源氏は女性の光を浴びなければ光れない蛍光体であったか。僕なんぞは、たとえその輝きは弱くとも自ら光る自発光体になるのだと力んではみるのだが、妻に言わせると、女性は自分がいなければどうしようもない、という男ほどそばにいて何とかしてあげたいという気持ちになるらしい。少しくらいは光源氏にあやかりたい僕は、やっぱり蛍光体でもよいかな、などとよろめいてしまうのである。

トイレのひかりの粒

今朝、トイレで座って壁を眺めていたら、壁に練りこまれている砂粒のひとつがきらりと光っていた。そのまま片目をつぶったら光が消えた。もう一方の片目で見たら、今度は光っている。両目で見ているときには、僕の脳はどっちを優先的に処理しているのだろう。光っているのが見えるのだから、光っている方を優先しているのだろうか？それとも両目の画像を平均化しているのだろうか？

そんなことが気になって、なんだか今日は、右目の世界と左目の世界がこんがらがった一日だった。

トイレと時空

小さいころ、僕はトイレに入るのが怖かった。時空は無限の階層構造になっていて、トイレはその階層を移動するエレベータなのだ。すべての時空階層に同じ世界が展開されているから、僕には階層を移動したことに気がつかない。でも実際には、トイレに入る前に見たお母さんと、トイレを出た後に見るお母さんは別の世界の人なのである。そう考えるとなんだか物悲しくなり、トイレに入る前には、「さようならお母さん」と心の中でつぶやいたものだ。まったくの妄想である。

さて、現実の世界。時空の階層を飛び越えるなんてことは、たぶんないのだろう。僕たちは一つの時空の中で生きている。この時空の中で、光は毎秒30万キロメートルという有限の速度をもっている。だから、光が１mを進むためには、約３・３ナノ秒の時間がかかる。ずいぶん短い様だが、ナノテクノロジーが進んだ現代にあってはそれほど驚く数字でもない。ストリークカメラという装置を使えば、さらに数桁小さなピコ秒オーダーの時間分解能で光の進み具合を観測することができるのだ。

いま、50㎝横で本を読んでいる妻は1・7ナノ秒くらい過去の妻だ。2m向こうでテレビを見ている息子は6・6ナノ秒過去の息子だ。そして、3m向こうで体操をしている娘は10ナノ秒過去の娘である。すなわち、僕は（僕たちは）、過去としか関わることができないのだ。ずいぶん孤独ではないか。そんなことを考えていたら妙に人恋しくなって、家族全員をしっかりと抱きしめたい気持ちになった。

ラマン

「ラマン」という単語を検索サイトで探すと、最初に出てくるのが「愛人／ラマン」（L'Amant）だ。愛人の契約を結んだ少女と青年が愛に目覚めてしまうという、いかにもフランスらしい物語である。映画にもなった。そして、わが「ラマン（Raman）効果」はL'Amantの後塵を拝し、2番目に登場する。

光が物質に入射した時、分子に含まれる結合部の固有の振動・回転等により光が変調され、その結果生じたうなりが、入射光とは異なる波長の光として観測されるということが、ラマン効果の古典的な説明である。ラマンという名は、この現象を発見したインドの物理学者チャンドラセカール・ラマンに由来する。ラマン効果を用いる分光（ラマン分光）は非常に便利で、測定したい物質にレーザー光を当てて散乱光のスペクトルを観測するだけで、その分子がどのような構造をしているのかがわかる。もっとも、実際の信号はかなり微弱で、スペクトルだって解読するのに知識経験が必要なので、それなりに手なずける必要がある。

僕の友人の一人は、このラマン（Raman）をこよなく愛している。彼はラマン分光を手なずけ、様々な物質の観測を行なっている。エジソン電球の竹フィラメントの成分だってラマン分光で調べてしまうのだ。それだけではない。発見者のチャンドラセカール・ラマン本人、そしてその身の回りで起ったことなど、徹底的に探究しその造詣は誰をもうならせるのである。

私は彼ほどRamanを愛しているわけではないが、それでもRamanに気がある男の一人である。とはいっても、僕の場合、手なずけるほど深く付き合っているわけではないので、「表面増強ラマン（ＳＥＲＳ）」という姑息な手段を使う。ＳＥＲＳとは、金や銀のナノメートルオーダーの凸凹表面に吸着した物質に光を照射すると、ラマンの信号が強く増強されるという現象を用いる分光法だ。金や銀を貢いで愛しのラマン散乱光にご機嫌よく現れていただくという方法である。信号増強の原理としては、金や銀で生じるプラズモン共鳴による強い光エネルギーによるという説と、非測定物質と金属表面の間の電荷の移動説が主流となっている。僕は、これに加えて、分子オーダーの空間で減衰する強烈にいびつな光強度分布、すなわち近接場光の効果が実は効いているのではないかと睨んでいる。

さて、金、銀の貢物の効果は絶大で、表面増強ラマンの手法を用いると通常では考えられないくらい強いラマンの信号が得られる。ときによっては、通常のラマンに比べて1億倍の1億倍以上も強い信号が得られるから驚きだ。あまりにもうれしくてラマンとの蜜月が始まる。しかし、ほどなく気がつくだろう。あまりにも多くのスペクトルが観測されるため、実際に何が起きているのかわからなくなってしまうことがある。スペクトルのピーク波長も、なんだかばらついているようだ。分子の振動の状況が金属の表面に影響を受けてしまっているのかもしれない。そして、本当に見たい物質のスペクトルが見えないことも多々ある。さんざんやって諦めかけたころ、突如、見たかった信号がどどーんと出てきたりする。そのような思わせぶりなラマンの駆け引きにこちらはすっかりのめり込み、気がつけば泥沼にはまって…。まったく、男女の関係のようではないか。

そういう意味では、RamanとL'Amant。「ラマン」という呼び名以上に、なんだか関係性が深いように思えてきてしまうのだ。

水色

水色は、青春や恋などをイメージさせる色である。僕の個人的な感覚では、闇を感じさせない色であることが爽やかさの源泉となっているように感じる。

ところで、水色というのは、実際にはどんな色のことを指すのだろうか。新版「日本の伝統色」（青玄社）によれば、水色【緑みのうすい青】となっている。僕はずっと、青を白で薄めた色が水色だと思っていたのだが、実は微妙に緑がはいっているのだ。なるほど、色見本を見ると、似たような色である空色【紫みのうすい青】に比べると水色は少し緑みがかっていることがわかる。

さて、水色と言うからには、それは水の色からきているのだろう。物理的には、水の色は、光の吸収によるものである。水は、赤や紫の光を青や緑よりも強く吸収する。すべての色を含む光が水の中を通ると、赤や紫が先に吸収され、青と緑が残る。すなわち、水色は引き算の色である。一方、大気中の微粒子の散乱によって生じる空の色は、漆黒の闇に波長の短い青や紫の光を加えていく足し算の色だ。水色と空色の緑みとか紫みとかいう色合いの違いも、発色の原理を考えると、なるほど納得できる。それにしても、原理がわかっていないのに経験的に微妙な色のニュアンスを区別して、それぞれの色に名をつけた昔の人たちの感覚はすごいと感じてしまう。

先にも述べたとおり、水の色は引き算の色である。コップの水程度ではそのことはほとんどわからないが、たとえば10mの水の中を光が通過すると、赤は90%、紫は60%ほど吸収され、それに対し、青は20%、緑は25%ほどしか吸収されない。より多く残った色が緑みの青である。もっとも、１００mくらいの水の中を光が進めば、青や緑もほとんど吸収されてしまう。だから、本来、水の色は闇を秘めているはずなのだ。事実、船で沖合に出ると、海の色は不気味な闇をかかえた紺色である。まったくの黒にならないのは、レイリー散乱の効果によって浅い場所から青い散乱光があるためだろうが、その効果は吸収から比べれば極めて小さいようだ。だから、水とはいっても海や湖で「水色」が見られるのは、水底からの反射光が届く水深の浅い場所なのだ。たぶん、水深が数m程度の場所であると思われる。水遊びをするのには多少のスリルはあるけれども、それでいて比較的安心できる場所でもある。水色のもたらす爽やかさ、安心感は、もしかしたら、こんな経験的な感覚によるのかもしれない。

そうやって考えると、恋愛の初期、すこしドキドキしているが、まだ後戻り可能な時期のことを「水色の恋」と言うのはぴったりの気がする。いつまでもその場所でバチャバチャとはしゃぎ戯れていられたら楽しいのだろうが、そんなわけにもいかず、いずれそれぞれの岸辺に引き返すことになるだろう。楽しかった思い出である。一方、岸に戻ること拒否し、あるいは忘れて、より深みに嵌っていくときが、いずれ来るだろう。そして、自分たちが、もはや水色ではなく、底知れぬ闇の上を漂っていることに気がつくのである。まあ、だからといって怖がることもない。人生は奥深いものなのだ。

高速移動とアンチエイジング

アンチエイジング（老化防止）は、人類にとって古代から続く永遠のテーマだ。最近では、おびただしい種類のサプリメントや化粧品が出回っていて、健康に気を使う人たちが多大な投資を行なっている。薬の場合、実際の効き目に関しては人それぞれで、まさにあたるも八卦あたらぬも八卦という状態だろう。

ところで、もっと確実に老化を遅らせることができる方法がある。それは、超高速で移動することだ。特殊相対論によって、物体が高速で空間を移動するときには静止している物体に比べて時間の進みが遅くなることがわかっている。このことは、実験的にも証明されており、実際に人工衛星の時間合わせなどに使われている。時間が遅く進むのだから、そのぶん老化も遅くなること請け合いである。毎朝、サプリを飲んだり散歩したりするかわりに、超高速でどこかへ行って帰ってくるという習慣を続けると、あるいは効果があるかもしれん、などと少し期待してしまう。

この方法の効果は、特殊相対論のローレンツ変換の式を使えば、簡単に見積もることができる。式によれば、光速に近づくにつれて時間の進み方は遅くなる。光の速度の９９・５％の速さで移動した場合には、時間の進み方は静止物に比べて半分になる。そして、光速で移動すれば、時間はまったく進まなくなる。よく「誕生日なんてもう来ないで」という人は、これを試してみればおもしろいかもしれない。

ただし、この方法にはいくつかの問題点がある。

まず、現在の技術では人間が光速で移動することは不可能だ。だから、いま手に入るもっとも速い移動手段を使うことになる。一般人が手軽に乗れる速い乗り物と言えば、せいぜい飛行機であろう。たとえば、札幌に住んでいて、東京のオフィスまで毎日飛行機で通勤するとする。札幌－東京間の飛行機の巡航速度を８００㎞／h、飛行時間を75分と仮定すると、ローレンツ変換で算出される片道の時間の遅れは１・２３×10^{-9}秒。毎日往復して、それを20年続けても、０・００００１８秒である。むむむ…。「さあ、あなたも今日から飛行機通勤でアンチエイジングを！20年続ければ０・００００１８秒も若返ることができます。」なんて言われても、ありがたい気はしない。

あまり夢のないことは言わないことにして、遠い将来、光速で進む乗り物（光速ビーグル）が実現されたとする。これで毎日、東京－札幌をこのスピードで通勤すれば、老化が防止できるだろうか。札幌と東京の間の距離を1000㎞として、そこを光速で移動すれば、地上から見た飛行時間はたったの0・0033秒だ。搭乗者の時間の進みはゼロなのだが、これを20年間続けても、たかだか50秒程度たらずしか得をしない。

1日2時間、年を取るのを遅らせようと思ったら、光速で宇宙を2時間ほどドライブすればよい。これを毎日続ければ、何もしていない人に比べて20年で2年弱、年齢の進みを遅くすることができる。子供のころからこの習慣を続けていれば、人生も成熟期になったころ、周りの人から「妙に若いですな」などと言ってもらえるかもしれない。実際には重力の影響も出てくるのだが、ここではそれを無視しての話だ。

さて、光速で宇宙をドライブしている間は、自分自身の時間経過はゼロである。だから、ビーグルの発車ボタンを押した次の瞬間には、宇宙の旅は終わっているのだ。ビーグルはたしかに宇宙に飛び出して、また戻ってきてはいるのだが、時計の針はちっとも進んでいない。時間が進まないのだから、見るという行為も無いし、記憶だって生じない。だから、宇宙でゆっくり読書を、なんていうことだってかなわないのだ。一方、地上では確実に2時間が経過している。その間に人々は勉強したり、仕事をしたり、遊んだり、けっこういろいろなことを経験しているだろう。こちらといえば、その時間をまばたき1回くらいで過ごしてきたから、地上の人たちから「なんだか知らないけれど人より遅れている人」として、馬鹿にされることになるだろう。そうならないためには、2時間の遅れを取り戻すためにいろいろと頑張らなければいけない。毎日これでは精神的にストレスがたまりそうだ。さらに、光速巡航している間は体内時計も進まないので、地球の24時間とはズレが生じてくる。いわゆる時差ぼけだ。こうやって、精神的、肉体的にストレスがたまっていくと、たいそう疲れきってしまって、せっかく遅らせた時間以上に肉体高齢化が早く進んでしまうかもしれない。まったく元も子もない話である。

光速移動によるアンチエイジング。これはいけると思ったのだが、少し考えが甘かったようだ。僕の場合、年を取るのを遅らせるのもそうだが、頭の回転を速くするサプリも必要のようだ。

太陽のせい　そしてメデューサ

カミュの「異邦人」の中で、主人公のムルソー青年は、裁判で殺人の理由を聞かれたときに「太陽のせい」と答え、陪審員らの失笑を買う。実際に殺人の場面では、友人とトラブルを起こしたアラビア人がこちらに近づく緊迫の時に、相手が持つ匕首（ナイフのことか？）の刃に反射した陽光が剣のようにムルソーの額に突き刺さるという表現がされている。たぶん、その陽光の剣は、ムルソーの眼にも突き刺さったにちがいない。アルジェリアの強烈な陽光によって、ムルソーは一瞬、視力を失ったかもしれない。そして、視力と同時に我をも失い、たまたま持っていたピストルで相手を撃ってしまったのだ、なんてことも考えられるかもしれない。

人間の眼の視細胞は、明るいときに機能する錐体と、暗い光のときに機能する桿体で構成されているが、太陽光の輝度に対応するようにはできていない。だから太陽光が眼に入ると、視細胞は過剰な反応をしてしまい、眼がくらんでしまう。テニスのサーブの時や野球での捕球のときに太陽が眼に入ると、球を見失ってあわてることはよくあることだ。スポーツならばまだしも、命がけの戦いのときに太陽光が眼にはいってしまうことは、それこそ命取りだったに違いない。

直視してはいけないものと言えばメデューサを連想してしまう。眼が合ったものは石に変えられてしまうという恐ろしい女性だ。直視した瞬間に視力とともに我をも奪われる太陽と、どこか通じているような気がする。そして、メデューサの蛇の毛髪はまるで太陽のコロナのようではないか。もしかしたらメデューサは、太陽のことなのではないかと、勝手に想像してしまう。

さて、メデューサの退治を命じられたペルセウスは、鏡の盾を使ってメデューサ自身を石に変え、その首を討ちとった。ここで、もしも鏡が半透明鏡だったらどのようなことが起こったのだろう、ということが気にかかる。半透明鏡を通してメデューサと眼を合わせたペルセウス、そして反射した自分自身と眼を合わせたメデューサ。両者ともに石になってしまうのだろうか。あるいは、反射率と透過率の比によって結果は変わってくるのだろうか。反射率75％、透過率25％だったらメデューサは石になりペルセウスは助かるのだろうか。もし可能ならば、反射率の異なる盾を用意して、どれくらいの反射率ならばメデューサをやっつけられるのか実験をしてみたい。ただしその場合、メデューサもペルセウスも条件分だけ数を用意しなければいけない。そんなことは不可能なので、何か別の良い方法を考えなければいけない。なかなか難しい問題だから、けっこう長い間楽しめそうだ。

眼が顕微鏡になったら

小学校の頃、親にねだって誕生日のプレゼントに顕微鏡を買ってもらった。うれしくていろいろなものを観察しまくったものだ。その顕微鏡で小さなものを見ると、対象物のまわりに虹のようにいくつもの色が見えた。その当時は、小さな世界ってこんなにカラフルなんだと感激していたものだ。今になって思えば、その顕微鏡が安物で色収差がひどかっただけなのだろう。

やはり子供の頃、眼が顕微鏡だったらどんなに便利だろうと思ったことがある。なにせ、顕微鏡をいつも持ち運ぶのはすこぶる面倒だ。眼が顕微鏡だったら、池の水の中に住む微生物や、葉っぱの細胞などをその場で観察できるから、さぞかし楽しかろうと想像したのだ。

実際、眼が顕微鏡になるとしたら、どんなものだろう。

眼は単眼のレンズなので、光学的な考察は比較的簡単だ。たとえば１００倍の倍率を得たいと思ったら、観察したい物体からレンズまでの距離に対して、レンズから結像面までの距離が100倍になればよい。レンズの前方1㎜の距離にあるものであれば、レンズの後方100㎜の位置に結像するようにレンズが調整されればよい。ただし、人間の眼球の直径は23〜24㎜くらいなので、100倍を得ようとしたら、観測したいものを眼の前0・23㎜の場所に置かなければいけない。ほとんど密着状態である。とても現実的ではない。脳ミソを少し犠牲にして、100㎜のサイズの眼が発達していれば、あるいは眼が顕微鏡になるのかもしれない。映画のETのような頭ならけっこういけるのではないか。

でも、100倍の倍率があると、当然だが結像面では物体が100倍のサイズに投影される。構造的な可否はさておき、もし物体が動いていたらあっという間に視野から外れてしまったりして、実際の観察はさぞかし難儀するにちがいない。

さて、以上の難しさを無視したとすると、残るは眼のレンズの調整機能だ。レンズから物体までの距離、レンズから結像面までの距離、そしてレンズの焦点距離の関係は、小学校で習う程度のごく簡単な分数の式で表すことができる。たとえば、30㎝の距離で本を読む場合は、眼のレンズの焦点距離はだいたい22㎜となる。10m先の看板を見るときにはだいたい23㎜程度。これくらいの焦点調整は、近眼ではない人であれば眼のレンズの変形で朝飯前のことだ。もっと近いほうはどうだろう。たとえば、10㎝くらいの距離で物を見る場合、眼のレンズに要求される焦点距離は19㎜。不可能ではないがけっこうつらいことは、経験的にわかる。これが5㎝となると、焦点距離は16㎜と一気に短くなる。100倍の倍率を得ようとして、0・24㎜の距離にある物体を見ようとすれば、なんと0・06㎜という驚くべき短焦点のレンズが必要となる。相当分厚く、そして飛び出した構造のレンズである。現実には、人工的にもこんなレンズは作れない。それはさておき、もし、人間の眼が超短焦点に対応できるようになったとしたら、近いものを見ているときにはオカルト映画に出てくるような、眼がビヨーンと飛びだした気持ち悪い顔になるだろう。

そんなこともさらに無視して、人間の眼が極めて高い倍率でものが見えたとする。たとえば、愛する人の毛穴の奥まで見えてしまうことが幸せであろうか…なんてことを、今では考えてしまうのである。池の水に住む微生物や葉っぱの細胞を何時でも見たいと願っていた幼いころの純真さがまったく無くなったわけではないが、大人になって、ずいぶんとややこしい思考をするようになってしまったらしい。

色即是空

連日、猛暑続きだが、夕焼けが心を和ませてくれる。昼の間は乾いていた空が、だんだん茜に染まっていく様子を見ていると、空が色を生み、また、色が空を作り出しているように感じる。なぜか、「色即是空」という言葉を思い出してしまった。

「色即是空」。実際には、この世の物質的な現象は実態の無いものである、という意味である。対になる言葉として、「空即是色」という言葉がある。それは、実態の無い無の中にこそ質的な現象が生まれる、というような意味である。般若心教の教えだ。まるで禅問答なのだが、真空にもエネルギーがあり、何かが生まれる余地があることを示す量子力学と重なるところがあって、実はずいぶんと意味深なのである。

ところで、中学生の時、僕は同級生のS君から色即是空の意味を教わった。それは、男女の色事は道徳的に空しいものであるから慎むべきものなのである、というような事であった。まだ純粋だった僕にとってその言葉は重くのしかかってきた。以来、恥ずかしながら、けっこう最近に至るまで、色恋沙汰というのは罪悪を含むものなのだという意識が常に心の片隅に居座り続けていた。だからといって決して純粋無垢に生きてきたわけではないけれども…

だから、般若心教をきちんと読み、その意味を知ったときには、いままで随分といらぬ心労を抱えてきたものだと少し悔しい気持ちになった。同時に、心の重しがとれてすっきりとした。だからといって何をするわけではないが、すっきりするに越したことはない。

まあ、考えてみれば、見も知らぬ男女同士がふとしたことで心を寄せあっていくのだが、真のところは結局お互い知らぬままというのは世の常であるし（色即是空）、下心の無い時の方がなんだか知らないけれども何とかなっちゃった（空即是色）、というのもよくあることだ。もしかしたら、S君はませていたので、中学生にしてそんなことを悟ってしまっていたのかしらん、などど、今日の夕焼けはそんなところまで僕の思いを巡らせてくれたのだ。

可視化は得か

稲が実ってきた。風にたなびく稲穂を見ているのは心地よい。稲穂のたなびきは一様ではなく、海の波のように一方向に押し寄せていく。映画、「となりのトトロ」で描かれている描写は見事である。風は、空気が一様に流れているのではなく、塊として流れていることなどもよくわかり、いつまでも見飽きない。風は空気の流れだから本来は眼に見えないのだが、こんな風景を見ているとまるで風そのものを見ているようだ。風の可視化である。

一見、風は稲穂によって簡単に可視化されているようにも思えるが、実は、そのためにはたいへんなエネルギーを要しているはずだ。風の動きを受けて揺れる稲穂が育つまでには、大地の栄養分と水と、そして大量の太陽エネルギーが消費されている。稲穂が揺れるためにはやはりエネルギーが消費され、機械振動による熱エネルギーの発散もあるだろう。なによりも、僕たちがその光景を見るためには、揺れる稲穂を照らし、そして散乱される光が必要である。こうやって考えてみると、可視化というのはずいぶん余計なエネルギーを消費するプロセスなのだということがわかる。

可視化と言えば、インフルエンザが流行ったときに使われるサーモグラフィを思い出す。人間の眼に見えない熱線（赤外線）を感じて電気信号に変換する撮像素子を用いる画像センサだ。この装置のおかげで、発熱している人を空港で素早くチェックすることができる。実際には、この装置だって、撮像素子を作るための半導体プロセスや、装置を組み上げる工程、そして、駆動するときの電源など、ずいぶん眼に見えないところでエネルギーを消費しているのだ。でも、それによって得られる効果が絶大なので、効果対エネルギー消費を見れば、ずいぶん効率の高いものになっているのだろう。

ところで、最近、予算や仕事の効率などの「見える化」というのが流行っている。この分野には可視化のための先進的な装置があるわけではなく、「書類」が主な道具となる。たいていは、事務を取りまとめる部門が発行する書類に、各部署が報告を書くというものだ。取りまとめの部門からすればずいぶんと楽に「見える化」ができるだろうが、実際の現場では、通常の業務に加えて新たに書類による報告が増えるわけだから、トータルとしてはずいぶんエネルギー消費量が増えていることになる。「見える化」の良し悪しはやり方にもよるのだろうが、少し科学的に可視化に要するエネルギーの消費量を考えないと、何が得なのかわからなくなってしまうのではないか…と、これは、やらされる側の愚痴も混ざった心配だ。

そういえば、脳波などを用いて心を可視化する研究もすいぶん進んできているようだ。手を動かさなくても、念じるだけで物を動かしたりする装置が実現されている。この分野の研究がもっと進むと、人が何を考えているのかが傍からすべてわかってしまう時代が来るのだろうか。選挙の時など、この装置で立候補者の本当の考えを可視化することを義務付けたら、ずいぶんと面白いことになるにちがいない。それにしても、こんな装置ができてしまったら、交渉事やゲームや恋など、大人の付き合いというものがこの世から消滅してしまうかもしれない。そんなつまらない世界はいやだな、と思いつつ、人の心を可視化する技術についてはずいぶん興味をそそられてしまうのだ。

コヒーレント光通信とは…

二十数年前のことである。光技術に関する日本最大の展示会「インターオプト」という催しを見に行った。インターオプトは、当時は池袋のサンシャインで行われていた。そのころは光通信の黎明期で、光ファイバーや、光源となる半導体レーザーが、各社から発表され、そして、どの会社のブースでも、若くて美しい女性が技術説明を行っていて、それは華やかなものだった。

一言で光通信と言うが、その方式にはいくつかの種類がある。一般的なのは、光の強度を高速でＯＮ／ＯＦＦして（変調して）、それを信号として光ファイバーで伝送し、受信するという方式である。電気を電線に流している通信を光に変えたというものだ。電気に比べて伝達の速度が高速になる。日米の間の電話に時間遅れがなくなったのはこの技術のおかげだ。

これとは別に、コヒーレント光通信というのがある。光が波であるという性質を用いる技術だ。この技術を用いれば、強度以外に光の波長や位相といったものも情報に乗せられるので、単に光の強度のみを信号とする一般的な光通信に比べると絶大に大きな量の情報をやり取りすることが可能となる。波の性質を有効に使うために波の干渉を用いるところから「コヒーレント」という言葉が使われている。「コヒーレント」とは、波同士が干渉できるということを指す言葉だ。この技術を実現するためには、発振する（発光する）波長を極限まで精密に制御した半導体レーザーや、ほんの少しの波長や位相の違いを検知する検出技術など、数多くの先端技術を構築することが必要だ。研究者、技術者冥利につきる技術なのである。

二十数年前のインターオプトでも、先端研究を行なっている企業からは、コヒーレント光通信の研究成果に関するプレゼンテーションが行われていた。それらの企業とはまったく異なる業界に就職し、地味な研究を行っていた僕は、そんな研究を羨望の眼で見ていたものだ。少し複雑な気分で会場を歩いていたら、「さて、これよりコヒーレント光通信についてのご説明をいたします」という声が聞こえてきた。某電機メーカーのブースの若い女性である。技術に関心があったのはもちろんだが、容姿端麗で知的な女性につられ、そのブースの前で説明を聞くべく、僕は立ち止った。

「コヒーレント光通信とは…」

「コヒーレント光通信とは…」

「失礼いたしました」

女性は、それだけをしゃべるとその場を立ち去った。何人かいた聴衆は唖然としたり、にやにやしたりと様々な反応だった。あきらかに、女性は説明の内容を忘れてしまったのだ。僕はずいぶん悲しい気持ちになった。あの女性は、晴れ舞台で自分の技術をきちんと説明できず、ずいぶんと落胆していることだろう。そして、後で職場の上司に搾り上げられて悲哀の涙を流すにちがいないと想像してしまったのである。あのような展示会で、説明を行うのはコンパニオンというプレゼンの専門職であり、彼女たちは会社で研究をしている訳ではないと知ったのは後になってからのことである。僕は、僕の会社以外の会社の研究部門にはあのような美女たちがわんさといてうらやましいと勝手に思い込んでいたのだ。（何せ僕が入社した年は同期に女性がゼロだった。日本はまだそんな時代だった。）それはともかく、僕は女性に同情した。そして、僕がそばにいてこっそりと耳打ちでもして助けてあげたら良い仲になってムム…なんていう妄想までしていたのである。当時、僕は若く、そして独身だった。

あれから二十数年たった。インターネットが出現し、そして爆発的に世の中に行きわたった。当時は、まったく想像もしていなかったことである。求められる通信の速度はどんどん大きくなり、それに応じるように、光通信が実用化された。我が家にだって光ファイバーがつながり、大容量通信が可能となった。しかし、それは光強度をＯＮ／ＯＦＦする方式である。コヒーレント光通信はいまだに実用化には至っていない。あまりにも技術の難易度が高いのだ。あのとき、女性が「コヒーレント光通信とは…」とそこまでしか言えなかったのは、実は今の状況を象徴していたのかもしれない。

それにしても、あの女性、いまはどうしているのだろうか。もしかしたら、すでに成人に近い自分の子供に向かって「お母さんが若いころにねえ…」などと、いまになっては武勇伝として、あのときの話でもしているのだろうか。

２０２２年からみたコヒーレント光通信その後

前の文章を書いたのが２０１０年。その後、技術は一気に進歩し、デジタル信号プロセッサ（ＤＳＰ）なるものによって、コヒーレント光通信が実用化されてしまった。世の中は進歩していくものなのだ。それにしてもやっぱり気になるのは、あの時コヒーレント光通信を忘れてしまった人。今どうしているのだろうか。

光陰矢のごとし

小学校の頃、担任の先生から、ぼやぼやしていると何もしないままに時は過ぎてしまうから、なんでも一生懸命にやりなさいという旨の話をされたことがある。その時に出たことわざが「光陰矢のごとし」だ。月日は矢のように速く過ぎていくという意味だ。まだ子供だった僕にとって、月日があっという間に過ぎてしまうなんていうことはとても実感できなかった。ただ、「光陰：光と陰」という言葉が、時空に関わる森羅万象を表しているような気がして、ずいぶん不思議な印象を受けたことを覚えている。

最近になって、ふと思い出して「光陰」の意味を調べてみたら、光は日を、陰は月を指す言葉であるという。だから、「光陰矢のごとし」は「日月（月日）矢のごとし」となる。ずいぶんと直接的な意味だったので、光陰に不思議を求めていた僕は少しがっかりだ。

良く考えてみると、光も陰も、光に関わるもの。光の速度がおよそ秒速30万kmで、弓の矢の速さは秒速50～60m。矢の速度は光に比べて7桁も遅い。もしも光陰が光に関する言葉だったとしたら、光陰矢のごとしの意味は、「光と陰は矢のように遅い」と解釈しなければいけなくなってしまうだろう。光陰が月日であれば、矢のごとく速いということも何となく納得できる。

それにしても、小学校の頃はわからなかった「月日はあっという間に過ぎてしまう」という感覚を、いまでは実感として受け入れざるを得ない。少なくとも、過ぎた日々は一瞬のうちにある。

どこへでもひとりで出かけてしまって迷子になった幼い頃、虫を追いかけていた子供の頃、多感な青春時代、結婚や子供の成長。それらはすべて時間の矢に沿って順番に通り過ぎてきたことではあるが、現時点ではすべてに対して同時に思いを巡らすことができる。それはあたかも異なる時空の星たちの光が僕たちの眼には同時に入ってきて、それを星座と呼んでいることと同じようなものだ。記憶の星座だ。異なる時空を繋いで、それを同時というパレットに映し出しているのは光であるから、記憶に残る月日に対しては「光陰光のごとし」といってもよいのではないか。

そんなことを考えながらだらだらと過ごしているのだから、小学校の先生の教えはちっとも活かされていない。まあ、それはそれでけっこう楽しいからいいやと、反省もせずに光陰を浪費しているのである。

光線銃の威力

子供の頃、僕を含めた多くの少年たちは、ウルトラマンなどの特撮映画に出てくる光線銃に憧れていた。そして、運が良ければ、誕生日などにおもちゃ屋で売っている光線銃を親に買ってもらうことができた。それは、引き金を引くと銃口のあたりが豆電球で赤く光り、同時に機械的なカタカタという安っぽい効果音が出るもので、当然ながら物理的な攻撃能力などは微塵もない。それでも、僕たちの想像力の中では、その攻撃能力は抜群だった。

光線銃という概念が登場したのは、１９３０年代のスペースオペラと言われる分野のSFらしい。片手に光線銃を持ち、なぜか片手に半裸の美女を抱いたヒーローが宇宙を駆け巡り、冒険を成就するというものだ。レーザーの発明が１９６０年だから、それよりも前に光線銃のアイデアはあったのだ。

ところで、光線銃の破壊能力というのはどの程度なのだろうかということが気にかかる。ピストルの場合、重さが５・６g、速さが４９０m／毎秒（ただし初速）のトカレフの弾丸の運動エネルギーは$E=0.5\times mv^2$（mは質量、vは速度）という初等物理の教科書の式によれば５７０ジュール程度だ。５７０ジュールというのは、５

70ワットの仕事率を1秒間かけ続けたときのエネルギーである。実際には弾丸は一瞬で通り過ぎるから、単位時間当たりの仕事率は570ワットを遥かに超えたものとなっているに違いない。このエネルギーを持ってすれば、5mの距離から3㎜の鋼鉄の板に穴をあけられるらしい。

一方、光線銃の場合はどうだろう。現在では、レーザー光を利用した金属切断装置が実用化されている。一種の光線銃だ。この装置に使われるレーザーの出力は、千～数万ワットにもなる強力なものだ。この装置では、25㎜程度の金属板を切断することも可能らしい。武器としての性能は充分のような気がする。

しかし、話はそう単純ではない。ピストルの銃弾の場合、弾の運動エネルギーはそのまま標的に衝撃を与える。これに対し、レーザー光線の場合、標的に照射されると、光線の持つ光エネルギーがいったん熱エネルギーに変換され、その熱によって標的を溶融、蒸発させるか、レーザー光の強い電磁場によって標的の分子がばらばらになってしまうかすることで標的を破壊する。光から破壊エネルギーへの変換効率は100％ではないので、出力エネルギーがすべて破壊エネルギーとして使われるとは限らないのである。また、実際にレーザー加工で使われているレーザーは巨大なもので、とてもピストルサイズに収まるとは思えない。消費電力も大きいから、大きな電源ドライバとコンセントからの電源供給が必要となる。それに、標的上で一定量以上のパワー密度を得るために、焦点調節機構も必要となろう。とてもポータブルは無理だ。片手で持てる大きさということであれば、数ワット程度がせいぜいだろう。こんなレーザー光線銃では、皮膚にやけどを負わせたり目に照射して眼つぶしをしたりということには使えるかもしれないが、とても一発で敵を倒す道具にはならないだろう。

などと夢の無いことをついつい考えてしまうのだが、あくまでもこれは現時点での話だ。レーザー技術の進歩は著しいから、そのうちに数千ワットクラスの半導体レーザーチップや、とてつもなく容量が大きい電池が開発される日が来るだろう。そして、充分な戦闘能力を持つ光線銃が作られることになるかもしれない。でも、そんなものが人間同士の争いで使われるのはいやだ。何故か毎週のように出現する怪獣や悪い宇宙人を退治するために使われるのが、かつての少年たちの願いである。そして、いまやおやじになってしまった僕にとっては、片方の手で半裸の美女を抱きながら宇宙を放浪し、ときどきは光線銃をぶっ放しながら危機を乗り越えていくなんていうことは申し分のない夢でもあるのだ。

真っ赤な嘘

「真っ赤な嘘」という言葉がある。ここでの赤は、その語源でもある「明るい」「明らか」という意味ということなので、明らかな嘘という意味である。赤のこのような使われ方は、「赤の他人」とか、「赤っ恥」などの言葉として使われているが、それらはネガティブな言葉である。「明らか」ということであるならば、「真っ赤な本当」とか、「赤の知り合い」とか、「赤名誉」などの使われ方をしてもよさそうであるが、そんな使われ方はしないのである。たとえば、「真っ赤な嘘」の反対の言葉があるとすればどんなものだろうか？赤の補色が青緑だから、「真青緑の本当」なんて言葉ではどうだろう。まあ、あまりピンとこないから、今後も使われることはないだろうけれど。

補色とは、お互いにもう一方をもっとも引き立てる色、言ってみれば反対の色である。2色をまぜて無彩色になるもの同士が物理補色、ある色をじっと見つめた後に白い物を見たときに現われてくる残像の色同士が心理補色だ。心理補色はずいぶんと興味深い。なにせ、だまされないぞ、と意気込んでいても、赤をしばらく見た後に白地を見れば青緑が見えるし、黄色をしばらく見た後には青紫が見える。これをうまく利用すれば、白黒写真をカラー写真のように見せる錯覚も起こすことができるのだ。

心理補色の残像が生じる理由は、人間が、ずっと同じ刺激を受けているとそれを打ち消そうという作用が働くからしい。ずっと赤の刺激を受けていると、それを打ち消すために青緑を重ねて、色をなくしてしまおうというのだ。ずっと同じ刺激では疲れてしまうからだと書いてあるものもあるが、果たして本当だろうか？たとえば僕たちは、青色照明である青空のもとでも、白熱電球のもとでも、しばらく見ていれば白い物は白と認識する。他の色だってそうだ。もしかしたら、多少の環境の光の色の差に惑わされずに食べ物などの本来の色を見極めるという、生き延びるための手段として心理補色が機能しているのではないかとも思われるけれども、どうだろう？

ところで、近年はグリーンテクノロジーというのが流行りである。グリーンテクノロジーとは環境に配慮した技術ということだ。CO_2問題や資源の問題などで、太陽電池や電気自動車、省エネシステム、環境に配慮した材料など、ありとあらゆる分野でグリーンの冠を掲げて大攻勢をかけようとしている。もちろん、それはとっても良いことなのであるけれども、何から何まで環境に結び付けているのを見ていると、本当にそうなのかなあと疑ってしまう。グリーンばかり見ているから、その補色の赤系…真っ赤な嘘…がときどき目に浮かんでしまうのだ、などと軽々しく言えば赤っ恥をかいてしまうかもしれないから、もう少しじっくりと見極める必要がありそうだ。

影の分身の術

冬晴れの朝、太陽が思いっきり傾いているから、上空の青空が広々と感じる。視界がくっきりとしている割には、アスファルトに映る電線の影は夏よりも薄い気がする。

電線の影と言えば、前から気になっていたことがある。電線の影の周辺では、自分の影が2重3重になり、しかも、それが電線の影をまたぐときに妙な動きをするのだ。つい最近まで、それは太陽光が電線による回折で回り込み、光の方向が変っているためだと漠然と思っていた。しかし、考えてみれば、太陽光はそれなりの大きさを持つ面光源だから、目で見えるような回折の効果がそんなに簡単に生じるはずがない。また、回折ならば看板やビルなどによっても起きそうであるが、自分の影が多重になるのは、どうも電線や木の枝などのような細いものの影と重なったときのみである。だから、回折が原因である可能性は低いのである。それにしても。いったい何がこんな現象を引き起こすのかが気になる。

まず、電線の影と自分の影がなるべく平行になるような場所をみつける。とりあえず、通勤や散歩の折に、その挙動をよく観察してみた。そして、自分の影が電線の影から少し離れたところにできるように立つ。次に、自分の影をしっかりと見ながらすこし少しずつ電線の影に近づいていき、跨いで、そして行きすぎる。それを何度か繰り返す。千切れ雲に太陽が隠れてしまったら、しばらくその場で太陽が再び出てくるのを待っている。他人から見れば多少挙動不審に見えるかもしれないが、真理の探究のためならば仕方がない。この観察の結果、以下のことがわかった。

電線の影から遠い時、良く見ると、自分の影の輪郭がぼけていることに、いまさらながら気がついた。実はこんなに影が薄かったのかと、少々自分の存在感に不安が生じるが、周りの人の影も同じようだからほっとした。さて、ここから電線の影に少しずつ近づいていくと、あるところで自分の影の前後が2重となり、そして電線の影から数センチくらいのところで自分の影が電線側に急に引き寄せられるように伸びて電線の影とつながってしまう。そして電線の影を通りすぎるときには、薄かった影の電線側がしっかりとした影となり、あたかも電線に後ろ髪を引かれているようだ。そのままさらに行きすぎると、自分の影はいったん2重になったあと、もとの輪郭のぼけたものとなる。

なぜこのようなことが起こるのだろうか?

どうも、その原因は、太陽がそれなりの大きさを持った面光源であることにありそうだ。

日本から見える太陽の大きさは、視野の角度で0・5度くらい。一方、電線が2㎝の太さだとすると、それを10m離れた所から見れば見込み角はだいたい0・1度くらいだ。すなわち、太陽のサイズのほうが電線の太さよりも大きいのだ。だから、電線では太陽をすべて覆い隠すことができない。条件によっては、電線の両側から太陽がはみ出しているという状態がある。これは、隣り合う位置に照明を2個配置したのと同じ状態だ。2つの照明を太郎と次郎とする。太郎からの光は地面のある場所に僕の影（太郎の影）を作る。次郎からの光は、別の場所に僕の影（次郎の影）を作る。もともと隣り合っている照明だから、ほとんどの部分は重なっているだろう。影＋影だから、そこは暗くはっきりとした影になる。しかし、太郎の影のうち、次郎の影が重なっていない部分には、次郎の光が降り注ぐ。そうするとそこの部分は影＋光なので、中途半端に暗い影になる。次郎の影の一部には太郎の光が届くだろう。そこはやはり中途半端に暗い影となる。

太郎の影に次郎の光降りつむ
次郎の影に太郎の光降りつむ

これが、2重の影の正体だ。さらに、電線によって遮光される太陽の部分は僕が立つ位置によって変化するので、それによって影のでき方や重なり具合も変化する。だから、ちょうど電線の影を跨ぐときに、自分の影が妙な動きをするのだ。実際に、2つの光源と電線と人間、そしてそれによってできる影を紙に描いて検証してみると、現実に起きている影の動きと辻褄があっているから、なんだかうれしい。

さて、影を気にして歩くようになるといろいろなことが見えてくる。中でも、複雑に絡まりあった木の枝の影の中を歩くと圧巻だ。自分の影があたかも木の枝の影と干渉でもしているように揺れ動くのだ。まさに光と影のハーモニーだ。そしてそのハーモニーに包まれていると、光おたくの僕は、たまらなく幸せな気分になってしまうのである。

眼　時には千里眼

クリスマスのイルミネーションが賑やかだ。最近はＬＥＤ照明が増えて、青、赤、白など、色とりどりだ。個人的にはＬＥＤの冷たい光よりも従来の白熱灯のやわらかい光のほうが好きなのだが、省エネとあらば、しかたがない。

それにしても、僕たち人間は、視覚による楽しみが大好きだ。視覚とは、光が眼に入ったときに発生した信号を脳が処理することで生じる感覚である。脳の働きが重要な役割を負っているのだ。だから、視覚の研究分野では脳科学的なアプローチが必要不可欠であり、現在では、視覚をつかさどる脳の部位やその機能などが明らかにされつつある。感情と視覚の関係はいまだ明らかにされていない領域だが、これこそが視覚の核心であろう。なにはともあれ、脳は刺激を求め、みずからの意思で身体という機械を使って行動を起こし、そして眼をセンサとして、欲求を満たす。体も眼も、脳の奴隷のようなものか。

ちなみに、光を見るセンサの「め」には、目と眼のふたつの漢字がある。目はどちらかといえば形状、眼は見るという機能に関わるように感じる。眼といったほうが、より脳とつながっているような気がする。実際、「眼」は、単に光を感じるセンサとしてだけではなく、もっとさまざまなことを見るための機能・器官を表す言葉として使われる。

遠くのことや、未来、そして人の心まで何でも見通してしまう千里眼。もちろん、想像上の眼だ。しかし、思い当たることが無いわけではない。遠くに住んでいる僕の母は、休日の夕方、つまみの用意も整って、いままさにお酒、という時になると、電話をかけてくる。しかも長電話だ。わざと邪魔をされている気分だ。もしかしたら、僕の母は千里眼をもっているのではないかと思ってしまうのである。もっとも、僕の母に限らず、女性はいろいろなことをお見通しのようである。彼女たちの千里眼をくらますことがどれだけ大変かは、男ならばよくわかっているだろう。

さて、脳は、単に光だけではなく、物の本質を知りたいという欲求を強くもっているようだ。そのせいかどうかは知らぬが、するどく本質を見抜く機能としての眼は数え上げればきりがない。天眼、仏眼、法眼、明眼、卓眼、慧眼、心眼などなど。こんな言葉をつらつらと眺めていると、やっぱり眼は脳の召使いなのかなと思ってしまうのだ。

もっとも僕の場合、これらに当てはまる眼は持ち合わせていない。持っているのは凡眼、酔眼、寝惚け眼、そして、最近では老眼が加わったくらいだ。まあ、それはそれで、脳が賢くなりすぎないから、厳しい要求も無く、幸せというものだ。

近接場光

三省堂の大辞林で光をキーワードにして言葉をひろっていくと【近接場光】という言葉がでてくる。

【近接場光】ひかりの波長よりも小さな物体に光を照射したとき、表面近傍に生じる薄い光の膜。光の回折限界を超えた微小領域の観察や走査を可能にし、ナノ・スケールにおける光技術を実現する。

なかなか感慨深いではないか。何が感慨深いかというと、20年ほど前には、まだ学問として黎明期にあり、怪しげな領域と受け止める人も多かった近接場光が、いまや国語辞典に載るほどにまで市民権を得てきたのだ。

近接場光とは、大辞林の説明にもあるとおり、微小な物体にまとわりついて、遠くへは飛んでいかない光だ。僕たちの日常感覚では、光と言えば邪魔ものがなければどこまでも一直線に飛んでいくものだが、これは伝搬光と呼ばれるものだ。

ファインマン流にいえば、光は電子とダンスを踊る。そして、ダンスが大好きだ。光が物質に入射すると、物質を構成する分子や原子の中に存在する電子とダンスをする。もっとも、光はひとり（一個）の電子と踊っている訳ではなく、いくつもの電子を渡り歩く。光は電子の蜜を求める蝶のようなものである。このように、電子を求める光が物質の外側をうろちょろしている状態が近接場光である。電子とすっぱりとお別れし、外に飛び出していく光が伝搬光だ。

伝搬光は華やかだ。光輝き、あたりを明るく照らし、威光と栄光を勝ち取る。それに対して近接場光はどうだろう。近接場光は、せいぜい数百ナノメーター以下の小さな領域から離れられないので、人間の眼に入ってくることはまずない。だから、よほどのもの好き（専門家）でもなければその存在を知っている者はいない。近接場光は光のくせにけっこう地味なのだ。とはいっても、本来の光がもつ物質への作用はしっかりと持っているし、そのうえ伝搬光では不可能なナノメーター領域に限定した光照射も可能なのである。この能力を生かした超高分解能顕微鏡や、微細加工、バイオセンシング応用も可能にする充分な実力を持っていながら、人眼にはつかない。なんと奥ゆかしいことだろう。いまから20年後くらいには、

【近接場光のような】能力があるのにおくゆかしいこと。

なんていうのが国語辞典に載ってもよいのではないかと思ってしまうのだ。

さて、近接場光と伝搬光。元をたどれば同じエネルギーをもつ同じ光だ。ただ、時の運で電子とダンスを踊り

続けていれば近接場光と呼ばれるし、電子と別れてしまえば伝搬光と呼ばれるだけだ。光として生まれ、電子とのダンス遍歴し、別れ、放浪し、また電子と出会ってダンスを踊り、そしていつかは電子とのダンスで消耗し、滅びていく。これが光の運命だ。

そうして考えると、光に対してもののあわれを感じずにはいられないのだ。

ひかりごけ　光の輪はみえるのか？

高校生のときに、国語の教師から紹介された武田泰淳の「ひかりごけ」は、いまだに記憶から引き離すことができない物語だ。冬の海で難破した船の乗組員が、知床・羅臼のヒカリゴケの生える陰鬱なマッカウス洞窟で飢えと寒さの絶望的な時を過ごす。次々に死んでいく船員の屍を食べて、船長だけが最後まで生き残って救助された。最初は英雄扱いを受けたのだが、人肉を食べて命を繋いでいたことが発覚し、裁きを受けるという物語だ。太平洋戦争中に実際に起きた事件をモチーフに描かれたものだ。もちろん、創作なので、大きく脚色されている。実際の事件では、船員たちが苦難を味わっていた場所は、冬には陸の孤島と化す漁師の番屋だが、武田泰淳は、その場所をヒカリゴケが生息するマッカウス洞窟とした。たしかに、じめじめとした洞窟で妖しく光るヒカリゴケは、極限状態での人間の行動を引き立てるすばらしい舞台装置だ。両者を結びつけた武田泰淳の想像力はさすがというしかない。

物語は、作家が羅臼を旅した際に、かつて起こった猟奇事件の話を聞き、それを文学として表現しようと決心するに至った経過から始まる。その中で、ヒカリゴケの見物に案内されたマッカウス洞窟でのシーンが印象的だ。マッカウス洞窟は、たしかに苔で覆われてはいるものの、それが光っている雰囲気はない。どう見ても光っていないのであきらめて投げやりに眺めた一角が金緑色に光っている。そして、場所を移動すると、こんどは別の場所が光っている。全体が光ることはなく、必ずある場所だけが光るというのだ。実は、僕も同じ場所を訪れたことがある。ヒカリゴケというので、苔そのものがぼっと光っているのかと期待していったのだが、どうもそうではない。たとえて言えば、夜歩くときに車に気付いてもらいやすいように装着する反射テープのような感じだ。その後、八ヶ岳や鬼押し出し園などでヒカリゴケを見る機会があったが、やはり、狭い隙間から差し込む光を反射しているものであり、自己発光ではないことがよくわかった。

調べてみると、ヒカリゴケの構造は、糸状体の先端部に直径15ミクロン程度のレンズ状体がくっついていて、それがびっしりと並んだ構造だそうだ。レンズ状体に入射した光はレンズ内部で集光され、そして反射されて、ふたたびもとの方向に戻っていく。工事現場の夜の目印などで使われるキャッツアイのようなものだ。もしもレンズ状体が単なる透明物質であれば屈折率分散によって虹色の反射光が見えるだろう。しかし、レンズ状体の中には葉緑体が含まれている。葉緑体は波長の短い青と波長の長い赤を吸収するため、残った緑だけが反射光になる。それがびっしりと一面に広がっているから、金緑色の反射テープのように光るのである。これが、ヒカリゴケが金緑色に光る原理だ。ヒカリゴケにしてみれば、反射で光ることなどどうでもよく、光合成のために光を吸収するほうが重要である。湿気は充分あるけれども、薄暗く、一日のうちでも短時間しか光が当たらない洞窟や岩陰で生命活動を営むためには、大きな構造は持てない。一方、小さい構造でも、充分な光を吸収する必要がある。短時間に光を光合成活性部に集め、充分な化学反応を得るために、このような構造となっていることは想像に難くない。日蔭者が生きる戦略としてあっぱれなものなのである。

さて、物語では、生き残った船長が法廷で裁かれる場面が、舞台劇の形式で描かれている。その中で船長は罪を認め、そして、人を食った自分の首の後ろには光の輪が見える筈だと発言する。人を食っていない人間であればそれが見えるのだから、みなさん私の首の後ろの光の輪を見てくださいと…。しかし、恐ろしいことに、船長を糾弾する検事にも、裁きをする裁判官にも、船長を非難する傍聴人たちにもその輪が見えない。そして、舞台は、それらすべての人の首の後ろに光の輪が現れているシーンで終わる。ぞっとする終わり方だ。なぜ、そうなるか？まあ、文芸作品なのだから、その解釈は読者が各自すればよく、決まった結論は無くて良いのだろうし、そんな謎かけこそが、この作品の魅力なのだろう。

さて、僕はと言えば、もちろん本物の人肉を食べたことなどないが、親の脛だけはたっぷりとかじってきた。2回も浪人をしているから、かじりかたは尋常ではなかったのだ。その報いかどうか、いまは子供に脛の肉どころか骨の髄までしゃぶられている。他人が見れば、僕ら親子の首の後ろには金緑色のヒカリゴケのような光の輪が見えるかもしれない。もっとも、多かれ少なかれ、誰しもそうやって生きているのだから、もしも光の輪があったとしても、それが見える人なんて、どこにもいないのではないかという気もする。どうせ、人間、持ちつ持たれつ、脛をかじるくらいは親孝行のうちさ、と、都合よく考えてしまうのである。

無闇に闇を語る

子供の頃、何度も見た怖い夢がある。夜中に目を覚ますとあたりは闇だ。怖いから明かりをつけようとして、起き上がって電灯の紐を手探りで探すがなかなか見つからない。闇の恐怖は容赦なく僕に襲いかかってくる。ようやく紐に手がかかり、僕は安堵とともに電灯のスイッチを入れる。しかし、電灯はつかない。何度引いてもつかない。そして僕は、まだ夢の中にいることを悟る。その瞬間、眼が覚める。あたりは闇だ。怖いから明かりをつけようとするがつかない。そして、まだ夢の中にいることを悟る。目が覚める…これがどうどう巡りをするのだ。もう二度と闇の世界から逃れることができないのではないかという激しい恐怖が襲ってくる。やがて、本当に眠りから覚めて明るい現実の世界に戻ったときの喜びはひとしおだった。何はともあれ、闇イコール恐怖だったのである。

子供の頃の僕に限らず、闇は人間にとって恐怖の源泉である。そして、悪の住処でもある。だから、心の闇、闇に葬る、闇市場、闇カルテルなど、闇は悪い側の言葉として用いられる。スターウォーズでも、ダースベイダーが落ち込んだ悪の世界は、フォースのダークサイド（闇の側面）として描かれている。闇と恐怖、邪悪とのつながりは人類が共通に持つ感覚なのだろう。僕たちの祖先は、視界の中で生きている人間を無力にしてしまう闇の中で、どんな悲惨な目に遭ってきたのだろうか。

ところで、「無闇」という言葉。「何も考えずにやってしまう」とか、「程度がひどい」とか、どちらかというと悪い側面の意味で使われる言葉だ。闇が無いのだから、字面だけ見れば良いことのようにも思えるのだが、なんでこんな使われ方をするのかが気にかかる。きっと、「闇が無ければかえって慎重さが無くなってしまう」とか、「多少でも闇の側面が無ければ物事は極端な方向に行ってしまう」とか、そんなことがこの言葉の起源にあるのだろうとひとり合点した。しかし、もう少し調べてみると、もともとは「むやみ」というひらがな言葉に対する当て字が「無闇」になったとあるではないか。酔いのつれづれとはいえ、けっこう時間をかけて考えたのに、当て字とはがっかりだ。

それにしても、自分のひとり合点をむやみに人に自慢をしなくてすんだのは幸いだった。「なぜ無闇っていうか知ってる?」などと謎かけをし、そして自分の考えをさんざんひけらかしてしまった後に、実はその理由は当て字だったということになると、後始末がたいへんだった。自慢話を闇に葬ることはむずかしいのだ。とはいいながら、僕が考えた、こじ付け的な無闇の起源、それはそれでけっこういいじゃん、と、勝手にひとりで悦に入っているのである。

飛行機雲

八方尾根スキー場のてっぺんで、X（エックス。バツではない）の字の飛行機雲を見た。後立山連峰、五竜岳の上空あたりの青空に浮かぶXは、もちろん偶然の賜物ではあるが、なんだか天からのメッセージのようでもあった。

飛行機雲の発生の原因のひとつは、エンジンから吐き出される排気ガスに含まれる水蒸気によるものである。大気の水分が飽和蒸気圧以下では雲はできないが、排気ガス中の水分が加えられることによって飽和蒸気圧を超え、その領域では水蒸気が凝固する。凝固して粒のサイズが大きくなった水や氷は青から赤に至る色の領域すべてを散乱するミー散乱体となるので、白く見える雲となる。

もうひとつの原因は、飛行機の周りに生じる大気の乱れによるものだ。大気の乱れの中には急激に気圧が低下する部分があるが、その部分は断熱膨張の原理で温度が下がり、それによって水蒸気が凝結しやすくなって雲が発生する。小学校か中学校のときにピストンで実験した状況である。断熱膨張による飛行機雲は、気圧がもとに戻ればすぐに消えてしまう。

だから、大空に描かれる飛行機雲は、飛行機が吐き出す水蒸気によるものと考えてよさそうだ。

飛行機雲と言えば、高校の時、友人たちと計画していたスキー旅行が荒天で中止になったとき、浮いたお金で荒井由美の「ひこうき雲」というアルバムを買ったことを思い出す。アルバムのタイトルになる曲「ひこうき雲」の、〝空にあこがれて　空をかけていく　あの子の命は　ひこうき雲〟という歌詞が印象的だ。夭折した友達を歌う悲しい内容なのに、なぜだか大空への羨望も感じられる。

もちろん、曇りの日でも大気の条件が合えば飛行機雲は発生するだろうが、雲がバックでは飛行機雲ははっきりとは見えない。青空のキャンバスにこそ、飛行機雲は映えるのだ。だから、飛行機雲は「晴れの世界」の象徴である。さらに、飛行機雲は人間が憧れる「空をかけめぐるもの」の象徴だ。そして、一筋の飛行機雲は、その痕跡を残しつつも、次第に空に滲み出し、やがて消えていく「儚さ」の象徴でもある。飛行機雲は僕たちにとって詩的な存在なのだ。

しかし、もしも僕たちの住む地域が戦場だとしたらどうだろう。戦闘機や爆撃機、そしてミサイルなどによって空に縦横無尽に張り巡らされた飛行機雲は、恐怖や悲しみをもたらす不吉なものの象徴でしかないだろう。

飛行機雲を見て、空に憧れたり、人生の儚さを感じたりできる平和に充分感謝しながら、僕は今日も飛行機雲が伸びていくのをまったりと眺めているのだ。

ひさかたの

万葉集といえば、中学や高校時代にあまり気乗りしない古典の授業でむりやり勉強をさせられたものという、僕にとっては、どちらかといえば負のイメージが宿っていた。しかし、最近になって、ふと思いついて読んでみると、なかなか味わい深いと感じるようになった。技巧のつくし合いとなっている新古今和歌集などと比べると、万葉集は素朴で、人間の真の心が浮き出ている気がする。

ひさかたの　天の香具山この夕　霞たなびく　春たつらしも

柿本人麻呂の歌だ。

今夕は天の香具山に霞がたなびいている。春が来たのだなあ。というような意味の、まことに素朴でありながら春の情感がたっぷりと漂う歌だ。

「ひさかたの」と言う言葉は、天、雨、月にかかる枕詞だ。枕詞とは、短歌において、リズムを整えつつ情緒を加える言葉である。「ひさかたの」の語源説のひとつに、「日射す方」がなまったというものがある。天照大御神が太陽の神様だから、天といえばお日様が射すところ、というのも、なんとなく頷ける気もする。いずれにしても、中高生以来、僕が勘違いしていた「ひさしぶりに」という意味とはまったく別物なのだ。

後の古今集ではその使われ方も拡大し、

ひさかたの光のどけき春の日にしづ心なく花の散るらむ

などというように、光に対する枕詞として使われるようにもなっている。光がお日様に由来するわけだから、これはこれで納得できる使われ方である。もっとも、現代社会における人工的な明かりは天から降ってくるものではないから、ひさかたの蛍光灯とか、ひさかたのレーザー光とか、ひさかたのＬＥＤなんていう使い方まで拡大すると、どう考えても間違いになるだろう。

まあ、そんなことはどうでもよいのだけれど、とにかく、「ひさかたの」という枕詞は、なにやら光の根源を含んでいるようで、なかなか気にかかる言葉なのである。

新緑はふはふしてしまう

今日は久しぶりに山に行ってきた。山の中腹、標高が1000mのあたりは新緑真っ盛りだ。そんな中に身をおくと、訳もなく嬉しさでハフハフしてしまう。

沢に転がる石達も、新緑の色で染まっている。青空が青い影を作るように、新緑の葉を通った光がゴロタ石を黄緑色に染めるのは当然と言えば当然なのだが、そんなことに初めて気がついて、今日は少し豊かな気分だ。

葉が緑なのは、光合成を司るクロロフィルによるものだ。クロロフィルは青と赤を吸収するので、残った緑が葉の色になる。ただ、細胞膜がまだ弱々しい若葉には、光合成で発生する活性酸素に耐えうる力がない。したがって、若葉の間はクロロフィルの含有量を少なく、そこそこの光合成を行うことで、葉の受けるダメージを少なくするように、自然の摂理が働いている。クロロフィルが少ないと、葉が本来持っているカロチノイドの黄色が吸収されずに残る。だから、新緑の葉っぱは、緑と黄色が混ざって黄緑色をしているのだ。この色が若々しいと感じるのは、我々人類が、長い歴史の中で若葉の季節を数限りなく過ごしてきた経験によって形成されたものだろう。

それにしても、今日は、そろそろうっとうしいくらいに緑濃くなり始めた山麓から、新緑の中腹、そして、まだ芽吹きの山頂まで、たっぷりと歩き通した。こんな日をプレゼントしてくれた自然に感謝するために、酒も飲まねばなるまい。

マジックミラー

僕が毎年泊まりにいく信州の民宿には、宿の外観には似合わぬ立派な温泉浴場がある。浴場には大きな窓があり、そこから見える北アルプスのパノラマは圧巻だ。ついつい、窓際に仁王立ちで山の景色を見入ってしまう。ただし、窓から見えるのは山だけではなく、人通りがある道や、向こうの宿もスコープの範囲内だ。公衆にむかって失礼な姿を見せてしまっているのではないかと心配になってしまって、一度、外から窓がどう見えるのを確かめにいってみた。窓はマジックミラーになっていて、昼間は明るい外光のみが反射して見えるし、夜は窓の外から明るいライトを照らしてあって、その反射光が強いので浴場の中は見えない。ああ、そういうことかと安心して、その後は気兼ねなく窓際に立ちはだかって景色を満喫している。

マジックミラーというのは、明るい側から見れば光を反射する鏡なのだが、暗い方からは向こう側が見えるという光学素子だ。実際には、反射率を適度に調整した半透過鏡なのだが、場合によっては単なるガラス窓でも、条件によってはマジックミラーとして機能する。マジックとは言いながら、明るい側から見ても、暗い側から見ても、反射率、透過率は同じだ。だから、明るい側から見れば暗い側は見えないとは言いながら、実際には暗い側から明るい側にも光は漏れ出しているのである。

いま、反射率、透過率がそれぞれ50%のハーフミラーをマジックミラーとして使うとして、ひどく単純な状況でのマジックミラーの原理を考えてみる。晴れた日の屋外の明るさ（照度）はだいたい100000ルクス。これに対し、JISによる浴室の基準照度は75~150ルクスくらいということだが、ここでは100ルクスと仮定する。まず、窓の外から浴室を見たときには、外光の反射強度が50000に対して浴室内部からの外に透過する光の強度が50。すなわち、外光の反射光に対し浴室内部から透過してきた光はたったの0・1%となる。

いっぽう、浴室内部から見れば、外から入ってくる光が５０００で、内部の反射光が50だから、この場合、外から入ってくる光に対する室内光の反射は０・１％だ。人間が、差を感じることができる光の強度比率は２％程度ということだから、たった０・１％にしかならない浴室内部の光は、感じることができない。だから、外から見れば浴室の内部は見えないし、浴室から見れば自分の反射光は見えずに外の景色のみが見えることになる。外が暗くなる夜には、外側から明るい照明を窓に照らして、昼と同じ状態を保ち、外から浴室内が見えないようになっているのだ。

こんなことが可能になるのは、人間の視覚によるものである。エルンスト・ウェーバーによって、人間が感覚的に差を感じるのは、信号の絶対量ではなくて、ベースになる信号量に対する差異量の比で決まることが示されている。だから、実際には浴室の光は外に漏れ出しているのだけれども、あまりにも外光が強いので、浴室内の景色は目には感じないのである。

もしも、充分なダイナミックレンジを持った撮像素子で適切な条件で観測すれば、マジックミラーを通して明るい側から暗い側が観測できるに違いない。そのような撮像系があれば、僕が素っ裸で仁王立ちになって山並みに見とれている姿だって、外から撮影されてしまうかもしれないのだ。もっとも、それは物理的な話であって、僕の裸を見たい人など、どこにもいないだろうから、冷静に考えれば心配をする必要はなかろう。人間は物理量のみで行動している訳ではなく、感覚や好みなど、もっともっと深遠な何かによって動かされているのだから。

巨人たちの肩の上に立つ

光学仲間と酒を飲むと、「光と言っても物質と相互作用してなんぼだよね」とか、「宇宙いっぱいに広がっているはずの光が観測の瞬間に一点に収束するってことは云々」とか、「結局は光が何者かということについては、誰もわかっていないんだよね」なんていう話題で盛り上がる。もちろん、こんな話題で酒飲み話ができるのは、古典論から最新の量子論に至るまで、多くの偉大な先人たちが築いてきた科学の知識を、僕たちが簡単に手に入れて利用できるからだ。巨人たちの肩の上にいられるおかげである。

「巨人たちの肩の上に立つ」という言葉は、光が粒子であると主張していたアイザック・ニュートンが、波動論を主張していたロバート・フックに宛てた手紙で使われていることで有名だ。剃刀の刃に光をあてた時、光と影の境目にできる縞模様（回折）こそ光が波動である証拠だと論じたフックに対し、ニュートンは、それは単に光が物質に当たった時の屈折の現象のひとつにすぎないと主張した。ちなみに、ニュートンは、屈折とは、光の中で物質が発作を起こし、その速度が変るために生じると考えていた。そんなニュートンがフックに対して自分の主張を宛てた手紙の中に、次の一文を添えたのだ。「私がより遠くを見ることができたとすれば、それは巨人たちの肩の上に立っているからなのです」。

この言葉、ニュートンの謙虚さを表しているのだとか、背が低かったフックを小馬鹿にしたのだとか、異なった視点からの解釈がなされているが、真実は藪の中だろう。それはそれとして、「巨人たちの肩の上に立つ」という言葉は、12世紀のフランスの学者、シャルトルのベルナールが唱えたもので、小さき者である自分たちでも、巨人（先人の業績＝古典学問）の肩に乗ることで、巨人よりもさらに遠くの物を見ることができ、また、より前に進むことができるのだ、という、非常に深い言葉なのである。

光の波動性を依怙地なまでに拒絶したとはいえ、光のスペクトルの概念や万有引力など、現代物理の基礎を築き上げたニュートンは言うまでも無く大巨人である。その巨人の肩の上に乗ってアインシュタインが相対性理論を打ち立て、また、マックス・プランクやニールス・ボーアをはじめとする巨人たちが量子論を展開した。大巨人の肩の上にさらに大巨人たちが立つという、まことに壮観な歴史が科学を前に進めているのだ。

それにしても、自分の肩にさらに巨人を立たせる巨人たち。さぞかし肩の荷が重いことだろうと、どうでもよいことを心配してしまう。僕なんぞは、肩の上に巨人が立つことなどなく、せいぜい通勤のデイパックの重みを感じるくらいだから、呑気なものだ。巨人たちの肩の上に座して、酒で霞んだ頭で勝手なことを吹いているのが関の山だが、それはそれで楽しいものだから、巨人たちには感謝の念を惜しまないのである。

木霊ですか　いいえ　光です

八ケ岳に登って来た。麦草峠から天狗岳、硫黄岳、横岳、赤岳を超え、阿弥陀岳から御小屋尾根を下るというコースだ。好天に恵まれて、すばらしい山旅だった。買ったばかりのカメラでずいぶん多くの写真も撮ってきた。

今回、オーレン小屋のキャンプ場でテントを張って一泊した。一人のテントはお気楽だ。テントを張ったらぼーっとして、おなかがすいたら夕飯を作って食べ、寒い中で焼酎のお湯割りを飲んで寝る。ただそれだけなのだが、ずいぶんと贅沢な時間だ。夕暮れ時に小屋のトイレを借りに行って、テント場に帰る途中、ガスのかかった薄暗闇の中に佇むキャンプ場の看板に何だか風情を感じた。とりあえず一枚、写真を撮っておいた。

この写真、家に帰ってからパソコンの画面で再生してみると、なかなか興味深い画像が写っていた。ストロボを焚いて撮った写真だが、看板にはしっかりと焦点が合っていて、木で作った看板に「夏沢だけかんばキャンプ場」の文字が書いてあるのがはっきりと読み取れる。ただ、画面全体に白い斑点状のもの、というかうろこ雲のミニチュアみたいなものが写り込んでいる。ひとつひとつの白い塊はおにぎりくらいの大きさだ。森に囲まれた山の中で、八ケ岳の木霊たちがいたずらを仕掛けてきたなんてことを想像するのは楽しいが、それはそれ。実際に何が起きていたのかが、ずいぶんと気にかかる。

夕方のガスは風に乗って足早である。目で見れば白い霧が一様にそこいらを覆っているように見えるが、ストロボで時間を切り取ってみると、実は水蒸気のおにぎり大の塊が分布している、ということだろうか。しかし、もしそうだとすれば、風が遅い時には肉眼でもそれが見えてよいはずだ。そこで、以下のような推測をしてみた。カメラレンズの焦点は看板に合っているので、暗い中でストロボを焚いて写真を撮れば、当然、看板が写る。さて、ストロボの光だが、それは比較的小さなバルブから発散光として拡がっていく。だから、近いところでは明るく、遠くになるにつれて、ほぼ距離の2乗の逆数で暗くなっていく。さて、あたりを覆っているガスは、5～10ミクロン程度の水の粒の集まりである。小さい粒だが、それは光を反射するだろう。カメラに近い水の粒からは、より強い反射光が戻ってくる。反射光は点光源とみなすことができるが、焦点よりもずいぶん近いところからの光なので、ボケて大きなサイズとして結像される。それが、写真にでは白い斑点状の分布として写るのではないだろうか。いまのところ、僕の中ではこの説が最有力だが、確証があるわけではない。いずれにしても、残念ながら木霊たちではなく、光のいたずらであることは確かだ。

山の夜は幽玄なガスに包まれて更けていったが、翌日は鮮やかに晴れわたった。こんな素敵な時間をプレゼントしてくれた山の木霊たちにはありがとうと言いたくなる。それにしても、テントを含めた重装備で歩いていると、軽装備のハイカーの人たちにとっては山の達人と見えるのか、よく、「先に行ってください」と道を譲られる。「いいえ、僕、普通の人だし、テントかついで重いから、そんなに早く歩けません」と言いたいところなのだが、ついつい「ありがとうございまーす」と言いながら、追い越しをさせていただく。颯爽を装ってはいるが、実はかなり無理をしているのだ。最近は山ガールと称される若い女性も多いから、強がりもなおさらなのだ。しかし、考えてみれば、こんなことでは山をのんびりと楽しむこともできないし、なによりも山ガールさんたちと会話するチャンスもないではないか。ということで、これからはたとえ道を譲られても、「いえいえ、僕もゆっくり行きますから。ところでどちらから?」作戦でいこうという考えに行きついた今回の山旅なのであった。

量子効果と恋愛指南

ローマ時代の詩人、オウィディウスの著書「アルス・アマトリア」。日本では「恋愛指南」という題名で岩波文庫から訳本が出ている。題名が示す通り、愛を手に入れて、それを継続させていくためのテクニックを指南するという内容である。たとえば、男であっても最後の段階では、想いに添えた涙も有効であるという。しかし、都合良く涙など出てはこないから、その時には唾で濡らした手で目をこするだけで充分に効果があるなどと、のたまっているのだ。また、女性に対しても想いの男を手に入れるテクニックを教授するのであるが、いちいち、「敵(女性)に、手の内を明かしてしまってよいのだろうか?」などという自問が書かれている。真面目なのか洒落なのかわからない。でも、さすがに詩人。比喩にあふれ、味があり、そしてついつい引き込まれてしまう内容だ。

さて、この本の第1章は、いかにして男性が自分好みの女性を手に入れるか、ということについての教示である。第一に、愛する対象となる相手を探す努力をすること。第二に、これぞと思う女性を口説きおとすこと。そして第三は、その愛が長く続くように努めること。以上がその骨格である。印象的なのは、第一の、相手を探す努力のところだ。最もお勧めの場所は円形劇場だという。そこには、男性に魅入られることを願う女性がわんさとやってくる。この場所であれば、想いの女性と出会って恋を成就できる確率も大きいというのだ。

ほほう、これは光と物質の相互作用と通じているではないかと思ってみたりするのである。たとえば、物質が光（励起光）に反応して蛍光を発することを考える。光と物質との相互作用には量子効率というものがある。100個の光子が当たった時に1回だけ蛍光を出すとすれば、量子効率は1％ということになる。量子効率は物質によって決まってしまっているので、結果として充分な蛍光を得るためには、物質と相互作用する光（光子）の量を大きくすることが必要である。量子効率が1（100％）であれば、1個の光子が来ればすぐに相互作用して蛍光を発することができるが、量子効率が0・01（1％）であれば、100個の光が来てようやく1回だけ蛍光を発することができる。だから、量子効率が低い物質から蛍光を得るためには、励起光の光子密度を高くしておく必要があるのだ。

これを男女の出会いに当てはめてみる。超絶にもてる男がいて、出会った女性を100％ものにできるならば、それは量子効率1ということに相当する。しかし、実際にはそんな例は極めて稀であり、普通にもてる男で量子効率は0・3くらい、そうでない男だと0・001から0・1くらいではないかと思われる。もちろん、その値は人により決まっている。人生が不公平であることはいたしかたがないのである。いずれにしても、量子効率が1ではない状態で、限られた時間内で恋を成就するためには、出会いの数を多くする必要がある。すなわち、女性の密度が高い場所に出向くことが必要というわけである。オウィディウスおすすめの円形劇場は、まさに量子効率が1ではない男女の出会いの中で、いかにして事を成し遂げるかということを的確に述べているのだ。

「アルス・アマトリア」恐るべしである。ローマ時代の文章であるにもかかわらず、20世紀に確立された量子論にも通ずる深さを持っているのだ。ところで、この本の中には、円形劇場で首尾よくお気に入りの女性の横に陣取ることができた後で、お近づきになるテクニックが述べられている。お目当ての女性の膝に塵が落ちていたら、自分の指でそれを取り払ってあげろというのだ。たとえ塵などがまったく落ちていなくても、ありもせぬ塵を取り払ってあげろという。そうか、そこまでやればけっこういけるかも、と、なんだか感心するのである。しかし、冷静に考えてみれば、今の時代、見も知らぬ女性にそんなことをすれば、瞬く間にお縄にかかってしまう確率は高い。その量子効率は、0・2くらいではなかろうか。女性と仲良くなれる量子効率が0・2を超えている、いわゆる「もてる男」であれば、あるいはトライの価値はあるかもしれぬ。しかし、そうでなければ、確率的には人生破滅のほうが高くなるから、やめておいたほうがよさそうだ。僕はもちろん、「そうでない男」のグループに属しているから、ありもせぬ塵は、やっぱりありもせぬままにしておくという戦略である。

海底二万里の海

不覚にもインフルエンザをもらってしまった。症状はさして重症にはならず、しかもタミフルの威力であっという間に平常の体調にもどってしまったのだが、平熱にもどって2日間は感染防止のために外出禁止だから、ずいぶんとのんびりとした時間を過ごすことができた。この機を利用して、読みかけだった海底2万里を一気に読んでしまった。

ジュールヴェルヌの海底2万里。子供の頃、小学校の学級文庫にあった児童書を読んで以来だ。大人になってあらためて読んでみると、ネモ艦長の謎の苦悩など、ずいぶんと奥が深い物語だ。なにはともあれ、次から次へと海の中の生物や風景の説明が展開され、さながら博物館の中にいるような気分になって、なかなか楽しいものである。

さて、海の中の風景の描写。水中の森に散歩にいく場面だったと思うが、水があまりにも澄んでいるので、ある海底の地点から100m先の海底の風景が明るくはっきりと見えるという記述がある。ここに関しては、ん？と思うのである。水の分子は光を吸収する。光が水を通る時、微粒子などの散乱が無かったとしても、光は減衰する。１００m進めば、赤や紫外光の透過率は限りなく0に近い。もっとも吸収の小さい青色の光も、１００mの距離では10％程度となってしまう。だから、実際にはヴェルヌの想像とは異なって、どんなにきれいな海でも１００m先の風景は青黒くはっきりしないものになってしまうのだ。

もうひとつ。海底深く潜っていくと、どんどん暗くなり、最後には暗い赤い光しか残らないという記述がある。このあたり、ヴェルヌは夕暮れの経験をもとに想像を働かせたのかなと勘繰ってみるのだがどうだろうか。この小説が出たおよそ30年後、１９２２年に、レイリー卿が、水が青いのは水分子のレイリー散乱によるものだという論文を発表した。この理論が正しければ、散乱されない赤い光がより水の中深くまで差し込むことになるから、ヴェルヌの記述も正しく、驚くべき先見の明があったことになる。しかし、残念ながら、現在では、レイリー卿の理論は間違っていて、水の青さは光吸収によるものであることがわかっている。そして、赤い光が先に吸収されてしまい、青い光が最後まで残るのだ。海を深く潜れば、だんだんと青い世界になり、そして最後は真っ暗になってしまうのだ。もしも、勉強家のヴェルヌが今でも生きていたら、海の風景はきっと物理的に正しい描写に書き変えていたのだろうな。

なんてことは、この小説にとっては取るに足りぬものであって、その発想、スケール、読み終わった後の、「長い旅を終えたあとの心地よい疲労感」など、なかなか充実したものなのだ。海だってレイリー卿が唱えた散乱に満ちた海のままにしておけば、それはそれで別のおもしろい想像力が働くから、そのままでいいのだ。児童小説と、なかば馬鹿にしていたのだが、そんなものではなかったのである。まあ、今さらではあるが、こんな再発見ができたのだから、インフルエンザも悪くはない。

光学　Optics

光に関する学問を光学という。英語で光はlightだから、光学を英語でいえばlighticsなどと言ってもよさそうなのだが、どういうわけかopticsだ。長年、特に疑問も持たずにいたが、考えてみれば不思議である。そもそもopticsという言葉は、ギリシア語の〝optikos（oの上には´がつく）＝見る〟が語源らしい。唯物的な現代物理の教育を受けてきた僕達からすれば、「光」を中心とした学問の体系の中に視覚も含まれるのだと思ってしまうが、「見る」ということについて考える学問の中の役者の一人として光が存在する、というのが、先人たちの哲学だったのかもしれない。いってみれば人間中心の学問である。

最近では、先端的な光科学、光技術をphotonicsと呼び、opticsは少し古い感じ、ということになっている。photoという言葉は、light＝光を意味するのであるが、実際にはアインシュタインが提唱した光量子＝光子（photon）がphotonicsの基になっているのだろう。phonicsが扱うものはレーザーとか光ファイバとか、あるいは生体と光の相互作用とか、どちらかといえば光と物質（電子）との相互作用を議論する学問／技術の領域である。そういう意味では、photonicsはopticsよりも唯物的だ。20世紀になってから発生した新しい学問であり、未知の領域も残されているので、photonicsの方がかっこいいということになっているのだろう。僕だって、自分が関わっているのはphotonicsだと言った方がかっこいいと、ずっと思ってきた。

しかし、よくよく考えてみると、「光」がopticsの主役とはいえ役者の一人であるとすれば、「光と物質の相互作用」だって、opticsの中の一役者ではないか。とすると、opticsとphotonicsは相対するものではなく、opticsという広大な領域の中に、新興勢力としてphotonicsが勃興したのだと考えてもよいのではないかと、ひとり勝手に考えているのである。いくら物質や現象を理性的に考えるのだと言っても、最後は人間の頭の範疇でそれをどう観測したり解釈したりするのが学問だとすれば、やっぱり人間中心のopticsという体系があって、そのなかに、光と物質の相互作用を議論するphotonicsというエキスパートが存在する、と考えた方が自然のような気がするのだ。

僕の中では、最近では、肩で風切って俺が俺がと自己主張しているphotonicsよりも、そうかそうかと大らかに微笑むopticsのほうがかっこよく思えてきた。世の中、学会などでは、optics系とphotonics系の勢力が互いに意地張りあってなかなか折り合いがつかいない様子も見える。でも、これからは、両者が融合して、より広い観点で未来へ進んで行ってもよいのではないかと、個人的には感じているのである。

ミクロの決死圏

子供の頃、テレビの映画番組で「ミクロの決死圏」という映画を見て大いに興奮したことを思い出す。要人の脳内出血を治療するため、縮小装置によって潜水艇ごとミクロサイズにまで縮小された医師達が、血管を通って患部にたどりつき、レーザー光線で治療をほどこすというストーリーだ。ロゲルギストによる「物理の散歩道」では、この映画について、潜水艇があれほど小さくなると潜水艦が血液から受ける流体の性質は通常とは変わってしまい、潜水艇の航行にはさぞかし難儀するのではないかということについて非常に論理的に述べられている。言われてみればその通りである。

さて、僕は光の観点からずいぶんと気にかかることがある。映画の中では、血管壁や、血液中の赤血球や白血球などが鮮明に表現されているが、通常は顕微鏡下でようやく観測できるそれらが、たとえ体が小さくなったからと言って、はたして肉眼で見えるのかどうか。

まず、ミクロ化された医師たちの大きさはどれくらいだっただろうか。たしかメンバーのひとり（こいつはスパイだったかな）が白血球に襲われるシーンがあったように記憶しているが、5～30ミクロンの白血球のサイズとほぼ同等の大きさだったはずなので、縮小された医師達はだいたい20ミクロン程度の身長としておこう。通常の人間の眼球のサイズはだいたい25ミリくらい。１８０センチメートルの医師が20ミクロンに縮小されているとすると、眼球の大きさは０・２８ミクロン程度である。瞳の大きさはもっと小さいので、それを０・１５ミクロンと仮定する。瞳のサイズと、瞳から見る対象物までの距離、そしてどの波長（色）の光をみるかということが決まれば、回折限界の式からどれだけ小さいものが見えるのかということが簡単に計算できる。いま、波長５５０ナノメートルの緑の波長を、30ミクロンの距離から見るとすると、ミクロにされた人間の場合、どんなに高性能な目が備わっていたとしても、１００ミクロンよりも小さいものは見えないという計算結果になる。20ミクロンの身長の人間からすれば、眼の前に拡がる景色はぼうっと一様な色が見えるだけということになるのだ。いくら体が小さくなったって物理の法則は変わらない。だから、潜水艇の操縦席にあるスイッチや計器類はみな同じ面にしか見えなかっただろう。同僚の顔だって判別することはできない。まあ、１０００歩譲って、潜水艇内では物理法則すらもいっしょに縮小されるということを受け入れたとしても、潜水艇外は全く通常の物理の世界だから、赤血球や白血球を判別することは不可能に近い。患者の血管の壊れた部分に正確にレーザー光線を照射するのだって難しい。（もっとも、レーザー光線も本当はビームにならず、ずいぶん拡がってしまうから、そもそも治療も難しい気がする）。だから、体内に送り込まれた医師達には、見えないところでも何かを感じ取る人並み外れた勘が必要とされたにちがいない。たとえそれがあったとしても、潜水艇にぶつかりそうな赤血球を避けながら見えないパネルを操作して潜水艇を操縦し、襲い来る白血球からしっかりと逃れ、ついには患部治療という任務を完遂することは万が一にも望みはないのではないかと感じてしまうのである。

しかし、どうだろう。乗組員たちは数々の予期せぬトラブルさえも克服し、見事治療を成功させて生還したのだ。まったくもって、あっぱれとしか言いようがない。

地球影

どこの国でも太陽は空の重要なシンボルだから、一年の最初に昇る太陽は世界中でありがたがられているものだと思っていたが、どうもそうではないらしい。初日の出にここまで思い入れを持つのは、日本人特有の感覚だそうだ。日本の太陽神は天照大御神。ときには天の岩戸に隠れてしまったりする気難しさも持つ女神だからこそ、とりあえず一年最初の日の出はありがたく感じてしまうのかもしれない。

今年の元旦は、早起きをして近くの丘陵に初日の出を見に行ってきた。朝の寒気の中、白い息を吐きながら丘を昇り詰めると東に湘南の海が見える。東の空はすでに薄赤くなり始めている。水平線には影絵のように雲が流れていている。海とは逆方向、西の方を見れば、この場所よりももう少し高い丘が連なっていて、その上の空は、低いところから青く暗い部分、それを取り囲む薄桃色のアーチ、さらに上にはすでに明るくなり始めた薄い青という順番でグラデーションを放っている。青く暗いアーチは地球影だ。地球の大気に映し出された地球自身の影である。ちょうど、この地球影の中に雪の富士山が白く光っている。大気に比べて雪が散乱する光の量が桁ちがいに大きいから、富士山は白く光って見えるのだろう。地球影を取り囲む薄桃色のアーチはヴィーナスベルトと呼ばれる。大気を長く通過することで、レイリー散乱で青い光が取り除かれて残った赤い光、すなわち朝焼けの光が大気に映っているのだ。

日の出が近づくにつれ、地球影とそれを取り囲むヴィーナスベルトは低い位置に落ちていく。ヴィーナスベルトがちょうど富士山のあたりまで降りてくれば茜富士の登場だ。やがて日の出のころ、地球影とヴィーナスベルトは西の丘の向こうに姿を消した。

考えてみればずいぶんと壮大な光のショーである。

さて、肝心の初日の出。水平線近くを帯状に流れる雲のわずかな隙間から一瞬、まぶしい光を放つと、すぐにまた雲に隠れてしまった。空は晴れているのに、なんてこった。やはり、天照大御神は、女神だけあってなかなか一筋縄ではいかないようだ。まあ、ほんの一瞬でも神々しい光を拝むことができたのだから、良しとするか。

光の国　ウルトラマンの故郷

ウルトラマンの故郷はM78星雲の光の国である。このM78星雲は地球から300万光年の距離とされている。僕たちが冬に目にするオリオン座のM78星雲は地球からは1600光年だから、M78星雲といってもまったく別物らしい。まあ、それは良しとしよう。それにしても、300万光年の彼方から地球の現在の窮状がなぜ瞬時にわかるのか。いやいや、それもここでは良しとする。

ウルトラマンがはじめて地球にやってきたのは僕が小学校低学年の頃だ。科学特捜隊のハヤタ隊員が操縦していたビートル1号と間違って衝突してしまったが、ハヤタ隊員の命を救うために彼に乗り移って地球に滞在を開始したのだ。それ以来、なぜだか毎週現れる怪獣を退治するために、ウルトラマンはハヤタ隊員にベータカプセルを点灯させることで飛び出してくる。しかし、ウルトラマンが地球上で活動できる時間は3分。なぜなら、光の国からやってきたウルトラマンにとって、地球の光は弱すぎて十分な時間を過ごすことができないのだという。ぼくは、光の国がどれだけ光に満ちあふれていることか想像を張り巡らしたものである。ところが、最近になって調べてみると、ウルトラマンの故郷の光の国は、26万年前に太陽が消滅し、今では地下に設置されている

900台の原子力発電所で作られるプラズマエネルギーが使われているということだ。300万年光年も遠い星なのに26万年前の情報がわかるというのも不思議だが、それも良しとしよう。僕が納得できないのは、光の国という割にはその光が自然光ではなく人工の光であるという点である。この情報を僕が子供の頃には知らなかったのは幸いだった。自然だろうが人工だろうが、光には変わらないかも知れないけれども、なぜだか残念な気がするのだ。

さて、もう一つ納得しがたい点。ウルトラマンが帰ったあとも、光の国からは、ウルトラマンが属する宇宙警備隊のウルトラ戦士達が続々と地球に派遣されてくる。それも日本ばかりである。宇宙警備隊が組織されているからには地球以外の至る所で変事が起きているはずなのに、ずいぶんと特別待遇ではないか。いったい彼らはなぜここまで地球にこだわったのであろうか。

僕は、光こそがその謎を解く鍵であると考えている、光の国には、たいそうまぶしく光が満ちあふれていることである。しかしながらそれは人工の光だ。そんな人工の光の中で暮らす光の国の人たちにとって、太陽光や大気のレイリー散乱による青空などの自然光はさぞかし癒しの効果を持つのではないか。事故によって、偶然、地球に滞在したウルトラマンは光の国に戻ってから、それをさぞかし吹聴したにちがいない。それを聞いたウルトラ戦士たちは、いちどは地球へ、と考えるようになったのだ。もちろん、命をかけて怪獣と対峙しなければいけないという職務はあるものの、それとは引き換えに風光明媚な地球で癒しの光を味わうことができるのである。もしかしたらこの時間にも、箱根の温泉あたりで地球人に姿を変えたウルトラ戦士が戦いの疲れを癒すために温泉につかり、シュワッチ~などと至福のため息をついているかも知れない。

これぞまさに観光というものである。

オーラ

ホタルイカを食べていて、ふと思った。もし、人間がホタルイカのように光ったとしたらどんな感じなのだろうか。まず、夜、反射テープをわざわざ使わなくてもドライバーに認識してもらえるから安全である。ただし、体のどこかは露出していなければいけない。それから、暗いプールが幻想的。シンクロナイズドスイミングなんか、暗闇でやるとディズニーのパレードのように映えるかもしれない。

いっぽう、人間の営みの中には闇の中のほうが良い場合もけっこうあるので、そちらのほうが台無しになるデメリットのほうが大きい様な気もする。

幸いなことに人間はホタルイカのようには光らない。あるいは下村脩博士がノーベル賞を受賞したGFPを遺伝子に組み込めば緑色に光るヒトも作れるかもしれないが、常識ある世の中ではそんな人が生まれることはないだろう。だから、闇夜で光るヒトの心配などする必要はない。

ただし、これは人間の目で見える光（可視域の光：だいたい400～700㎚の波長）での話だ。光が電磁波と考えるならば、700㎚以上の長い波長の領域には赤外光が存在する。実際には400㎚よりも短い波長の領域に紫外やX線などの光があるし、可視光はその一部である。人間は摂氏36度5分くらいの体温を保つために自ら発熱をしている。そのエネルギー量はだいたい100W程らしい。そして、その熱を赤外線として外に放射している。波長は10㎛前後だ。実際、空港などで旅行者の発熱チェックを行う熱イメージング装置は、この波長を検出してイメージングできるように設計されているから、その画像はあたかも人が光っているようなものとなる。もし、10㎛くらいの波長の赤外光を感じる目を持つ動物がいれば、人間は闇夜でも発光していると見えるだろう。もっとも、人間以外の動物も発熱しているから、そこらじゅう光がうごめいていて眩しく感じてしまうかもしれない。

　ところで、子供の頃、少年漫画雑誌でオーラについて読んだことがある。オーラとは、生きている人間が発する特別な光だそうだ。なんでも、僕たちの身の回りには霊がうろちょろしているが、オーラがそれを遮断してくれていて、たまたま何かの拍子にオーラが弱くなった瞬間に写真を撮ると幽霊が写るという。オーラの力を弱めるためには、息を吐きつくし、少し我慢をすればよく、それをすれば誰でも心霊写真が撮れるというのだ。僕はどきどきしてしまった。そんなことができるのならば、やってみるしかない。父の自慢のパールというカメラをこっそりと持ち出し、息を吐いて苦しくなるくらい我慢してから何枚も写真を撮ってみた。だけれど、それらの写真に霊らしいものは一切写ってはいなかった。その後、ことあるたびごとにこれを試してみたが、幽霊はまったく写ってくれない。考えてみれば、幽霊が写真に写るとすれば、それは可視の光を発していて、オーラがそれを阻むのだとすれば、やはり可視の光でなければいけないような気がする。とすると、オーラなんて言うものがでていると、それ自体が写真に写ってしまって邪魔で仕方がないはずなのに…。なんて理屈を考え始めた頃か、ようやくそのばかばかしさに気がついた。さらに言えば、心霊写真。まじめに光の物理を考えれば、幽霊なんていうものが写真に写るわけはないのである。しかし、もし本当にそれが写ったとしたら、新しい物理の大発見になるかもしれないなんていう山師的な考えもどこかにあって、写真を見るたびに、何か変なものが写ってはいないかと探してしまう。残念ながら、それらしいものは、自分の写真の中から見出したためしがない。だから、今のところ僕は常識的な物理学の信奉者だ。なんていうことをいうと、妻に、ロマンが無いと言われる。何がロマンだか分らぬが、それはそれ、真実は真実だ、と、余計に意地を張ってしまうのだ。

フォト（Photo）　光か写真か

光科学に関わる世界にいる僕たちは、フォト（photo）といえばフォトン（photon：光子：光の粒）とかphotonics（光子を用いる技術）とかにつながる「光」を意味する言葉として受け取るだろう。しかし、光とは関係の無い世界の人に「フォトって何のことだと思う?」と聞くと、ほぼ間違いなく「それって写真のことに決まっているでしょ」という答えが返ってくる。そういわれればそうかも…。自分自身、どっちが正しいのか実は正確なことを知らないことに気がついた。

さっそくロングマンの英英辞典を調べてみると、photoは写真や写真を撮ること、photo－（－が重要）は、⑴光に関係すること、⑵写真に関係すること、などとある。科学技術関連の辞典などでは、photoは光と記述されることが多いようだ。たぶん、もともとは写真はフォトグラフ（photograph）が正式な英語名で、それが短縮されてフォトと言われるようになったのだろうと、言葉の素人の僕でも容易に推察できる。

実際にはphotoはギリシア語で光を意味する言葉だったようだ。-graphというのが「～を描く（記録する）装置」とか「～を描いたもの」の意味でこれもギリシア語からきているらしい。だから、写真：photographは、「光で描く装置」とか「光で描いたもの」という意味となる。たしかに、写真は一瞬の光を切り取って画像を描いたものだ。そこに、人間の想像力が加わることで、その情報量は信じられないほど膨らむ。懐かしい思い出にもなるし、購買欲をあおる広告塔にもなる。冷徹に事実をつきつける証拠にもなるし、科学を飛躍させる原動力にもなる。男であれば、たった一枚の妖しい写真が妙な想像力をたくましく育てるトリガーになることは経験済だろう。

何はともあれ、フォトが光を表す言葉であるという解釈は正しかった。そして、もともとはフォトグラフからきてはいるのだが、現代となっては、フォト＝写真という解釈も正しいことがわかった。それはそれとして、フォトグラフ＝光で描いたもの、という語源。写真というものが、単なる技術を超越した、特別な存在に思えてくる。アナログ（銀塩フイルム）からデジタル（半導体撮像素子＋コンピュータ＋ディスプレイ）に移り変わったとはいえ、光で描くという本質は何も変わっていない。

僕は、明かりと並んで写真は光技術の金字塔トップに並ぶものだと思っている。そして、僕自身は光を生業にしているけれども、写真を超える何かをやらかすことは、到底、難しそうだと感じてしまうのである。まあ、自暴自棄になっても仕方が無いので、焼酎のロックで朦朧とした頭で、アインシュタインのベロ出し写真を眺め、まあ何とかなるだろうさ、と、なんともならない時間を過ごしているのである。

紅葉の効用

山から紅葉の便りが届く季節となった。紅葉（黄葉）は単に葉っぱが枯れて萎れていく過程だと思っていたが、実は理屈の通ったメカニズムがあるようだ。

夏の間、葉が緑なのは、光合成をおこなう葉緑素クロロフィルが葉に満ちているためだ。クロロフィルは450nmと700nm近辺に強い吸収を持つため、緑色をしている。このクロロフィルの光合成によって合成された糖分を木が栄養素として吸収する。ところが、秋になって気温が下がってくると葉っぱの付け根には水や栄養素が詰まり（離層というらしい）、合成された糖分は葉にたまっていく。この糖分は紫外光を浴びることで赤い色素であるアントシアンに変化する。一方、クロロフィルは分解が優位となる。緑色が褪色し、赤色が発色して葉が赤くなるのが紅葉だ。一方、緑色が褪色し、葉にもともと含まれているカロチノイドの黄色が優勢になるのが黄葉である。

　太陽光が弱くなる冬には、光合成で栄養分を得るよりも、新陳代謝が少ない本体のみで過ごしたほうが生きていくための効率が良いことから、木は落葉する。それにしても何故わざわざ落葉の前に紅葉が必要なのだろうか。もしかしたら、冬の間は根から栄養を摂るために、葉っぱを栄養素でたっぷりと満たした状態にしてから自分のまわりに散り敷くという、実は賢い戦略の一環なのかしらん、などと、一人勝手に想像しているだが…

　そんなことはともかく、紅葉は、何故、かくも僕たち（特に日本人）の心を揺さぶるのだろうか。僕たち日本人にとって、紅葉の時期はまた豊穣の時期でもある。人々は大地や山の恵みを満喫し、そして祭りに興じる。山は色とりどりの別天地だ。大昔からのそんな営みが、僕たちに紅葉を愛でる心を植え付けてきたのかもしれない。しかし、この時期がわずかな期間であり、そのすぐ後には不毛な冬が迫っていることも、僕たちはよく知っている。〝滅びていくこと知っている〟という切なさが、紅葉の美しさをいっそう引き立てているに違いない。そして、もしかしたら、自然の饗宴の中でお祭り騒ぎをし、つかの間、精神を解放することで、来るべき冬に対して対峙していく心の準備を整えることができるという効果があるのかもしれない。

　そんなことを考えていたら、たまらなく山の紅葉に浸りたくなってきた。今年を乗り切るために、僕自身にもお祭り騒ぎが必要だ。

反薄明光　アンチなやつ

　僕が通う職場の周りは、2年ほど前までは長閑な田圃が広がっていた。残念ながら、いまは田圃は埋め立てられて造成地になってしまったが、まだ建物は建っていないから空が広い。夕焼けが始まる時刻に仕事を終えれば、ずいぶんと豪華な空の饗宴を楽しみながら駅に向かうことができる。先日、ちょうど梅雨が明けた直後の頃、そういう時刻に会社を出た。日が沈むあたりには夏の雲が湧いていが、それでも夕焼けが空を染めつつあった。

さて、その日の夕焼けは少し変っていた。赤い夕焼けの光が空全体を染めるのではなく、太陽が沈むあたりからその反対の空に向けて直線状に延びているのである。最初は飛行機雲が赤く染まっているのかと思っていたが、それにしては妙に輪郭がはっきりとした直線的な光だ。光が延びる空の下は、ちょうど断層崖と一致しているので、地震雲かと、すこしどきどきしてしまった。そのうちに、光の筋は2本になり、やがて3本、そしてまた2本と変化をする。良く眺めていると、光が筋になっているようにも見えるが、もっと広い光の帯の中に影が伸びているようにも見える。直線的な雲が赤く染まっているのではなく、均一な空の一線を光が通りぬけているのだ。もちろん自然現象なのだが、人工的に作り出した景色のようにも感じられ、なかなか不思議な景色だ。複数の光の大元は、雲間に沈んだ太陽のあたりだ。どうも、雲の隙間から洩れた太陽光、光芒が、もはや地上には届かずに、空を渡っているらしい。

調べてみると、このような光には反薄明光線という名前がついている。Color and Light in Nature Second Edition（David K. Lynch and William Livingstone著）でも、anticrepuscular raysとして紹介されている。

雲の隙間から漏れだす太陽光線が見える現象が薄明光だ。いわゆる光芒である。この光が太陽とは反対側の空まで延びていくと、それを反薄明光と呼ぶ。大気中を光線が通っていても、その光を散乱する物が無ければ、この光は見えない。波長の長い、赤い光を散乱する大きめの微粒子が存在する大気状態の空に、たまたま雲間から漏れる光が通りぬけるときに見える現象だ。僕が見たときは、梅雨明け直後くらいで、晴れてはいるが湿度が高く、大気中にはちょうど良いサイズの水の微粒子が存在していたために、鮮やかな反薄明光線が見えたのだろう。

薄明光線はたいていは放射状のカーテンのように派手に出現し、見ていて美しいし、その成り立ちは直感的にわかりやすい。ああ、太陽の光が雲間から漏れているのだな、と。一方、反薄明光線は薄明光線ほどの派手さは無いが、一見すると、それが太陽光線だとは直感的には信じがたい意外性を含んでいる。不思議さでは反薄明光線の勝ちと、僕は勝手に決めているのだ。

それにしても、「反」とか「anti」という言葉が良いではないか。太陽方向に群れる薄明光とは異なり、太陽から遠く離れた空を孤独に渡っていく反薄明光。そして、ついには空の果てまで照らし出すのだ。まさに、「反」「anti」の仕事だなあ、かっこいいなあ、と、なんだか感心してしまうのである。もしも天上の神様に、あなたは薄明光線なりなさいと言われたら、「はいはい」と答えながら、その実、反薄明光線になってやろうと、たった今、決心したところなのである。

梅干しと光

朝食の皿の片隅にちょこんと載っている梅干しを見て唾を溜めながら、僕は考えた。身の回りの森羅万象のほとんどが光と関わっているとすれば、この皺だらけの一粒の梅干しにはどんな光との関わりがあるだろうかと。

朝食の品々の中にあって、梅干しは脇役のさらに脇役という位置付けだ。けれども、その存在感は絶大である。日本人であれば、梅干しを見たときには、舌の付け根の両側がキュッとして口の中には唾が溢れ出すだろう。そして、まだ食べてもいないのに、思わず口をすぼめて酸っぱい顔をしてしまうのだ。梅干しを見て唾があふれてくるのは、梅干しの酸っぱさが記憶に刻まれているためだ。通常では口に入らないような酸っぱいものは毒である可能性があるため、もしもの際の被害を少しでも軽減するために、口に入ってくる成分を唾で希釈する、というのが定説らしい。でも、辛子明太子のように辛いとわかっているものとか、コーヒーのように苦いと分かっているものを見てもこんなに激しく唾は出てこない。なぜ酸っぱいものばかり唾が出るのか?それはそれでなかなか興味深い。

それはさておき、梅干しの酸っぱい記憶のスイッチを入れるもの、すなわち梅干し本体と僕たちを繋いでいるものは光である。光が梅干しにあたると、光は梅干し内部に侵入し、皮や実の内部の組織で何度も反射されて酔歩し、吸収され、そして生き残った光が散乱光として、再び外に出ていく。この光が梅干しの赤い色の正体だ。もっとよく見てみれば、梅干しは、ただ赤いだけではなく、所々白くテカりのある光を発している。梅干しの最表面で反射された正反射光のうち、たまたま目に届く角度で反射された光が見えているのだ。それが梅干しの艶を作り出し、そしてあの独特のシワの形状を引き立てる。僕たちの目に届いた光は、レンズで網膜上に結像される。そこで発生した信号は神経を通って脳に伝わり、過去の記憶と照合され、「これは例の酸っぱいものだ」と認識され、そして唾の発生へとつながるのだ。そう考えれば、朝食における梅干しの一連のプロセスは光によって始まると言っても過言ではないだろう。「オプティクス（光学）」という言葉がギリシア語の「見ること」という意味の言葉に由来することを考えれば、梅干しを見て唾を流すことは、まさに光学の現象なのである。

そんな気づきに頷きながら、口の近くまで梅干しを箸で運んだ時に、またしても、あることが気になるのである。梅干しってどうして赤いのだろうか。そもそも、梅干しにもベージュ色のものと赤いものがあり、それぞれ白梅干し、赤梅干しと呼ばれている。塩付けしただけで作った梅干しは白梅干しになり、途中で紫蘇で色付けしたものが赤梅干しになるらしい。紫蘇本来の色はシアニジンという紫色なので、そのまま考えれば、梅干しは紫色になってしまいそうだ。そうならないのは、梅に含まれるクエン酸によってシアニジンは分解され、それによって赤く発色するのである。このように、梅干しの色付きにも、なかなか奥深い発色の物語が宿っているのである。

さて、ようやく梅干しを口に含んでみる。ねっとりとした食感と濃厚な酸っぱさの中にほんのりと甘味も感じる。今度こそ本当の酸っぱさで唾が溢れ出す。実はこの味覚にも光は関わっている。梅干しは梅の実を塩漬けにし、水分を梅酢として実の外に抜き取ることで作られるが、その最後の仕上げには「土用の三日干し」というプロセスが行われる。これは梅雨明け前後の強い日差しに3日間晒すというものだ。夏の太陽の強い紫外線によって梅の実は殺菌され、正真正銘の保存食となる。また、強い日差しで実の中の水分をしっかりと外に蒸発させることで、あのねっとりとした濃厚な梅干しの味と食感が出来上がるのだ。まさに、梅干しは太陽の光の所産と言って良いだろう。たった一粒の梅干しが、実は光との関り大有りという事実に満足しつつ梅干しの種を小皿にころんと吐き出せば、茶碗に盛ったご飯は白くふくよかに光っている。ぷるんとした目玉焼きは天井の照明を綺麗に反射している。パリパリの海苔は黒いつやを放っている。窓から差し込む朝日が味噌汁から立ち上る湯気に光の筋を作っている。朝ごはんの食卓は光に満ちているのである。

これも運命―屈折率の波長分散―

小学校低学年の頃、僕が誕生日のプレゼントに顕微鏡をねだったら、父が意外にもあっさりと受け入れてくれた。もしかしたら父にとって僕が科学に目覚めていくことがうれしかったのかもしれない。

その顕微鏡で僕が最初に観察したものは自分の頭から抜いた一本の髪の毛だった。おまけで付いてきたスライドグラスにそれを載せ、カバーグラスを被せて、僕は意気揚々と顕微鏡を覗き込んだ。

焦点を合わせていくと見えてきたのは赤、緑、青、紫などの虹のような色で縁取られた髪の毛の影だった。そのときの驚きは今でも忘れられない。なにせ肉眼で見れば黒一色にしか見えない髪の毛の両脇が実は色鮮やかな模様で彩られていることを発見したのだから。

その後、様々なものを片端から観察したのだと思うが、覚えているのは何を見ても境界の部分に虹色の模様が見えていたことだけだ。さすがに子供だった僕でさえも、この色模様はサンプルのものではなく、顕微鏡の性能によるものではないかと疑念をもったのであった。

今から思えば、あれは顕微鏡レンズの色収差だ。僕が手に入れた子供用の顕微鏡は強い色収差をもつ代物だったのだ。色収差とは光の色（波長）によってレンズの焦点距離が異なるために起こる像のずれである。

これが生じるのはレンズ材料の屈折率が光の波長によって異なること、すなわち屈折率の波長分散が存在することによる。大抵のガラス材料では波長の短い青い光に対する屈折率のほうが、より波長の長い赤い光に対するそれよりも大きい。そのために焦点距離も短い方から青、緑、赤の順番となる。この焦点距離の違いが色にじみを生み出すのだ。

わざわざ「色収差」と呼ばれるように、この色にじみは画像の質を落とすノイズとなる。だから、まともな顕微鏡やカメラなどでは波長分散による色収差を低減するために、あの手この手が用いられている。たとえば凸レンズと凹レンズを組み合わせたり、屈折率の異なるレンズを組み合わせたり、もちろん波長分散の少ないガラス材料を探し求めたり。いずれにしても色収差を生み出す波長分散は多く場合、光学設計をややこしくするという理由で、ひどく厄介者扱いを受ける存在なのである。

それでは、もしも屈折率の波長分散が無かったとしたら、それが人類にとって幸いだったかといえば決してそうではない。波長分散が無ければプリズムで光の色が分かれることも無い。そうすると17世紀のニュートンによる分光の実験もあり得なかったことになってしまう。

白色光がそれ以上には分離できない単色光の集まりであるというプリズム分光の実験によるニュートンの発見は光の正体の一部を初めてあからさまにした偉大な成果だ。もしもこの実験が無かったとしたら、その発見は18世紀の回折格子の発明まで待たなければならなかったはずだ。そして、そこでの百年の遅れの影響は確実に現代の僕たちの文明にまで及んでいたにちがいない。

そう考えれば、屈折率の波長分散は自然が僕たち人類に与えてくれた大いなるプレゼントなのであり、それとの出会いはたいへんに運命的であった。だから、それを無下に厄介者扱いするのは大変に申し訳のないことなのである。

さて、もっともっとちっぽけなことを言えば、誕生日プレゼントの顕微鏡の色にじみは、光というものが只者ではなさそうだぞという直感とそれに対する興味を僕に芽生えさせてくれた。後年、僕が光に関わるようになった原点はここにあるのかもしれない。

それが僕にとって良かったかどうかはともかく、色収差を引き起こす屈折率の波長分散の存在には何かしら強い運命を感じずにはいられないのである。

つながって良かった　光と電磁波

東急東横線と東京メトロ副都心線がヒカリエのある渋谷でつながり、横浜中華街から川越までが乗り換えなしで行き来できるようになったことが、まるで日本の一大事でもあるかのように華々しく報道された。たしかに首都圏の人の流れが変わって経済的な影響が大きいかもしれないし、鉄道好きの人たちにとっては興味をそそられるニュースだろう。

でも、沿線住民でも鉄道マニアでもない僕にとっては、「それはすごいことだと思うよ」とは言いながらも、所詮は他人事なのである。自分にとっての「つながったことランキング」では、子供の時に折った腕の骨がもとどおりにつながったことや、大学生のときに切った膝内側じん帯がつながったことなどのほうが圧倒的に上位を占める。

鎖国が解けて日本が西洋とつながったことだとか、南の島が日本の本州とつながって伊豆半島になったことだとかも上位組だ。そして、J・C・マックスウェルによって光と電磁波がつながったことだって忘れてはならない。

1860年代にマックスウェルは有名な電磁波の理論を編み出し、光と電磁波が同じであることを明らかにした。この理論の上で、眼で見える光である可視光と、紫外線、赤外線、ラジオ波が同じ光として一本につながった。ファインマンが言うには、これは実に衝撃的な瞬間だった。

さらには、紫外線よりも短い波長のX線やガンマ線にまで光の領域が延長された。たいていの国語辞典によれば光の定義は可視光であって、広義の解釈としてようやく紫外と赤外が含まれるだけだ。でも、物理的に考えればガンマ線も可視光も電波も同じ電磁波の式で表すことができるから、それ全体を光と呼ぶことは間違いではない。

いずれにしても、光と電磁波は同じだという理論のおかげで、光の伝搬や散乱の詳細が可視光を含む広い波長範囲で明らかになり、それによって世の中を大きく変える数多くの発見、発明がなされているのである。今や多くの人達が光回線で高速なインターネットを楽しめるのも、この理論があったおかげだと言っても過言ではないだろう。

だから、「マックスウェルによって光と電磁波がつながった」と「東京の渋谷で電車の線路がつながった」を比べれば前者の方が圧倒的に重要な「つながった」であることは言うまでもない。ただし残念なことに、世の中の大半の人は「光と電磁波がつながった」ことなどは知らず、特に関東一円に限って言えば「渋谷で東横線と地下鉄がつながった」ことのほうが間違いなく有名であるという現実も認めねばなるまい。

さて、いまこの文章を読んでいる、たぶん理系に属している方たちにとっては、「光と電磁波がつながった」ことなど「いまさら何を?」と言いたいところであろう。それはそうなのだけれど、なにせ波長がピコメートルオーダーのガンマ線から無限大の電波まで実に広大なレンジに光が拡がっているのだ。

もしかしたら、宇宙いっぱいの空間で半波長を持つ電磁波、すなわち宇宙定在波の基本波なんていうものが存在するかもしれない。電磁波の振動の周期は光速を波長で割ったものだから、その光はなんと数百億年に一回だけ振動する電磁波となる。はたしてそんな光は物質と相互作用をするのだろうか。

もしも誰かが運よくそれを観測したら、宇宙全体に広がるその光が一瞬で一点に収斂してしまうことになる。それにしても、宇宙は膨張しているし相対論的効果も考えなくては。うーん、ややこしくなってきた…。なんていうことについて、酒でもちびりとやりながら素人考えで勝手な想像を巡らすことは実にワクワクすることなのである。

そんなワクワクを味わうことができるのも、マックスウェルが光と電磁波をつないでくれたおかげなのだ。

ハートの瞳で何を見た？ ダビデ

イタリア、トスカーナの花の都、フィレンツェに彼はいる。1504年に完成された当時は、ヴェッキオ宮殿前の広場に置かれていたが、1873年に現在のアカデミア美術館に移された。ダビデ像。500年以上もの間、多くの人々をひきつけてきた天才ミケランジェロの傑作である。ダビデはイスラエルの二代目王で、エルサレムを都に定めた人物だ。

旧約聖書によると、彼はイスラエルの宿敵であったペリシテ軍の巨人兵ゴリアテとの一騎打ちで相手の額に見事に石を命中させて倒し、戦いに勝った。紀元前1000年頃の話である。時を経て中世の時代、周辺の列強に脅かされていたフィレンツェ共和国では人々の士気を盛り上げるために、小さき者が巨大な者に立ち向かって勝利する象徴としてダビデ像が作られた。

この春、機会があって僕はそのダビデ像を見に行ってきた。アカデミア美術館の広い回廊の突当たり、天井から光射すドームの真下に、ダビデは教科書で見たとおりの姿で立っていた。実物の存在感は圧倒的で、見た瞬間は鳥肌が立った。それにしても、見事に全裸だ。若い女性がじっと見つめているのを目の当たりにすると、なんだかこちらが恥ずかしい。500年以上もこの格好で堂々と立っていたのだから、やはり大物である。

それはさておき、像に近づいていろいろな角度からダビデを眺めていた僕は、鋭く敵を見つめているはずのダビデ像の両の瞳がハートの形に刻まれていることに気が付いた。もしかしたら彼の瞳の先には美女でもいるのだろうか？などと勘繰ってしまうのは現代の漫画に毒されてしまった感覚か。調べてみるとダビデのハート型の瞳はけっこう有名なのである。

その理由としては、どんな角度から光が射しても瞳がくっきり見えるようにそうしたとか、美的な理由で肝心などころに割礼のしるしをつけなかった代わりにユダヤ教の割礼器の形を目に施した、などの説があるらしい。僕としては、ハートの瞳をもったダビデにはどのような風景が見えたのだろうか、ということが気にかかるところである。

通常、僕達人間の瞳は円形である。遠くの点をこの瞳を通して結像すると、光点とそれを取り囲む同心円の光からなるエアリーディスクが形成される。中心の光点の強度が圧倒的に強いから、感覚としては、遠くの一点はやはり一点として見える。これに対して瞳がハート形だったらどんな見え方になるのだろうか。

瞳がハートの形を保ったままどうやって大きくなったり小さくなったりするのかという生物学的なことについては、ここでは考えないことにする。ハート形を瞳関数として遠くの点に対する結像特性を計算してみたら、その形はほぼ×の形となった。想像するに、明るいところではダビデには僕達とさして変わらぬ風景が見えていただろうけれども、たとえば夜空の星を見上げればそれぞれの星は五光星（☆）ではなく×の形の四光星として見えていたかもしれない。もしかして、ぎらりと光るゴリアテの両目もダビデには×の形にみえただろうか。それが戦いに幸いしたかどうかは知らないが。

ところでハートの形、Vという文字と似てはいないだろうか。実際、Vの形の瞳関数について結像特性を計算してみると、ハートとほぼ同じxの形になる。気分だけではなく、物理的にもハートとVは同様の形と言えるのだ。

そこで僕は考えた。もしかしたらミケランジェロはダビデの瞳にVittoria（イタリア語で勝利）の頭文字Vを刻もうとしたのではないだろうか。さすがにVの瞳ではカマキリのような目になってしまう。だから、装飾的な意匠をほどこして、それがたまたまハートの形になった、というのが僕の勝手な説である。人々の気持ちを鼓舞するために作られたダビデ像の瞳に勝利の象徴の形を刻んだということであれば、あながち暴論でもあるまいと密かに思っているのだが。

金と銀　どっちが偉い？

レ・ミゼラブルが映画になって、結構なヒットとなった。ミュージカルなので多くの歌とともに物語が進むのであるが、その中にエポニールという少女が歌う〝On my own〟という失恋の歌がある。〝In the rain the pavement shines like silver（雨に濡れて石畳が銀のように輝いているわ）〟という歌詞が印象的な雨夜の美しいシーンだ。

ところで、レ・ミゼラブルの舞台は19世紀初頭のパリである。その頃のパリの街灯はレヴェルベールと呼ばれる、オイルランプの光を半球ミラーで下側に照らすものだった。この明かりによって夜の犯罪が大幅に減ったそうだから、それなりに明るいものだったのだろう。雨夜であれば月明かりも無く、ランプの光だけが濡れた石畳に反射していたに違いない。オイルの燃える炎の色は、白というよりは赤黄みがかかった色である。

映画の中では歌詞のとおり、色の無い銀色に石畳が輝いていたと思うが、本当ならば銀というよりは赤黄味をおびた金色に近い光になるのではないか、などと、ついつい野暮なことを考えてしまうのである。「雨に濡れて石畳が黄金のように輝いているわ」などという歌詞では悲しい恋の歌は成立しないから、演出上はもちろん銀色が正解に決まっているのである。

それにしても、金と銀。同じ貴金属でありながら、その社会的地位は圧倒的に金の方に軍配が上っているようだ。まず、その価格からして1グラムあたり金が数千円なのに対して銀が数十円と、二桁ほどの開きがある。オリンピックのメダルは1位が金で2位が銀。これが逆転したためしはない。クレジットカードだって、ステータスを自慢できるゴールドカードはあるが、シルバーカードはたとえあっても一般カードと同じ扱いだ。

子供達の中ではクレヨンの中でいちばん偉いのは金色であり銀色はその次だろう。などなど、金の地位が銀を上回る例をあげればきりがない。もちろん金が物質としては安定で錆びることがなく、永遠の輝きを放つことが金の地位を支える大きな理由の一つではあるが、黄金色の華やかさという感覚的な要因も大きいに違いない。銀はたしかに輝いてはいるけれども、色が無いという意味で金に比べると華やかさに欠けるのだ。

さて、そうはいっても、銀だって本当は実力者なのだ。金の場合、赤い光に対しては90％程度の反射率をもつが、緑から青などの波長の短い領域に対しては大きな吸収ロスを示し、反射率は50％を下回る。すなわち、反射光の中の緑や青の比率は赤黄よりも少なくなる。一見派手に見える黄金色は、実は青や緑の光が失われていることによって生み出されているのだ。

一方、銀の場合、少なくとも可視光の領域では吸収は持たず、どの色も95％以上の効率で反射する。反射光の色の比率が等しいから、色の無い光沢、すなわち銀色ができあがる。色は無くても、光学的には銀の反射は完全無欠といってよい。少なくとも「輝き」というのを反射光の強度に依存する量と勝手に定義すれば、銀の方が金よりも圧倒的に強く輝いているのに、金の方が華やかに輝いているように感じてしまうのだから、人間の感覚は何と儚いものか。

さて、社会的な地位は別として、好みという点では金と銀の差はそれほど無いようだ。もちろん時と場合にもよるが、派手でひとつ間違えれば悪趣味にも豹変する金よりも、スマートでときには渋いイメージの銀の方が好きという人も多い。僕も、どちらかといえば銀派かな。とはいえ、もしも仕事帰りに道端の水溜りから女神様がにゅっと現われて、「あなたに金の斧か銀の斧をあげましょう。さあ、どちらか好きな方を選びなさい」と問われれば、僕は間違いなく「ええと、私の好きなのは金の斧でございます」と答えるに違いない。

暗い夜空に乾杯

冬の夜に、暖かい部屋で鍋を突きながら日本酒をちびりとやる。頭に霞がかかってくるころには、なんだか幸せな気分になってくる。酔い覚ましにと結露した窓を開けて外に顔を出して見れば、凛とした夜空には星達が瞬いている。

背景が暗いことが、かえって宇宙に飛び交う光の存在を強く知らせてくれる。僕は宇宙中の星たちが僕だけのためにウインクを投げてくれているのではないかという錯覚を覚えて、たいそう幸せな気分になるのだ。

凡人の僕は夜空を見上げて妄想にふけるのみだが、かつて賢人たちは、夜空を見て大いなる疑問を抱いた。〝もしも宇宙空間に太陽のような恒星が無限の個数存在し、それらの恒星からの光を地球が浴びているのだとすれば、天空は星の光で埋め尽くされて、夜空といえども空は光輝いていなければならないのではないか。計算によると、宇宙に満遍なく恒星が存在すると仮定すれば、地球に降り注ぐ光の量は太陽光の18万倍もの明るさになる。しかし、実際には夜空は暗い。これは一体何故だろう?〟という疑問だ。オルバースのパラドックスと呼ばれるものである（「夜空はなぜ暗い?」エドワード・ハリソン著、地人書館）。

このパラドックスには、ケプラーやハレーら、多くの著名な学者たちがそれぞれの説を主張した。現在の時点での結論は、夜空を光で満たすには宇宙の恒星の数は足りないということである。現在の解釈では、宇宙は無限に広がっている訳ではなく有限の大きさを持ち、その中に存在する星の数も有限である。

それらの星が全部集まっても、宇宙空間を可視光で満たすほどのエネルギーは存在しないということだ。天空を光で完全に埋め尽くすためには、現実よりも10兆倍もの数の星が必要となるそうだ。こんなようなことがだいたい分かってきたのは20世紀も半ばを過ぎてからのことだから、人類の宇宙に対する理解なんて、まだまだ未熟なものである。まあ、だからこそ宇宙科学はいまだに人類を惹きつけ続けているのだろうけれど。

それにしても、夜空が暗いことは僕達人類にとっては幸いだった。もしも、昼夜問わず今よりも18万倍も可視光が世界を覆っているとしたらどうなるだろう。可視光に比例して赤外光や紫外光も降り注ぐから、この世は灼熱地獄で生物など微塵もありえなかっただろう。10兆歩ほど譲って、そんな環境の中でも生物が生まれたとしよう。それでもまだ大きな関門が立ちはだかっている。

恐竜時代に僕たち哺乳類の祖先は、強大な恐竜から逃れるために夜行性になって暗闇でコソコソ生きるという作戦をとった。もしもずっと明るいままならばその作戦は不可能になるから、哺乳類は駆逐され、今ごろ地球は恐竜の子孫の天下となっていたことだろう。さらに10兆歩譲り、それでも哺乳類がしぶとく進化して我が人類が出現したとしよう。さて、世の中はいつでも光に満ちている。

そんな環境の中では、火や明かりの必要性は極めて低いから、電球だのLEDだのレーザーだのという現代の発明には到底辿り着かなかったはずだ。星が見えないから、科学を引っ張ってきた天文学、物理学など起きようもなく、ずいぶんと程度の低い文明にとどまっていたに違いない。

黎明や夕暮れに感動することや、深い闇から生み出される思索もない。宵闇の中で繰り広げられる恋や、華やかな社交もない。日が落ちてから誰に気兼ねすることも無く堂々と飲みに行く楽しみだってないのだ。ずいぶんとつまらない、文化の育たぬ世の中になっていたに違いない。

なんていうことを考えながら夜空の星を眺めていれば、ほどほどの光で飾られたこの世はなんとうまくできているのだろうと、ついつい乾杯を重ねてしまうのだ。

武蔵と小次郎が見た光

慶長17年（1612年）4月13日、巳の下刻（午前11時ごろ）。宮本武蔵と佐々木小次郎は巌流島の海岸で、今まさに命をかけた決闘の時を迎えようとしていた。世紀の決闘に武蔵がわざと遅刻をしてやって来たことや、刀の鞘を投げ捨てた小次郎に対して「小次郎敗れたり」と放言したことはあまりにも有名である。この件について両者言い分はあるだろうけれど、ここでは本題ではないので触れない。

さて、島の南側から舟でやってきた武蔵は、そのまま南を背にして波打ち際で小次郎と対峙した。吉川英治の小説の中では太陽はほぼ中天とあるが、実際はどうだったのだろう。

北緯33度55分58秒、東経130度55分50秒の巌流島での4月13日、11時の太陽の位置を計算してみると、高さはおよそ59度、方角は真南からは40度ほど東寄りである。「ほぼ」の範囲をどの程度に設定するかにもよるが、中天とは言い難いのではないかというのが僕の見解だ。

まあ、それはともかく、武蔵はこの太陽を味方につけるために南を背にした位置を確保した。人間の上側視野はほぼ60度である。いまだ東寄りとはいっても、太陽光は直接小次郎の目に入っていたはずである。さらに、この太陽に照らされた海面もきらきらと光っていただろう。逆光のもとでは小次郎からは武蔵の目も見えない逆に、武蔵から見れば順光で小次郎を見ることができるし、時折、小次郎の刀が発する太陽の反射光以外には精神集中を邪魔するものはない。

しかし、さすがに小次郎。2度の仕掛け合いの後、両者の位置関係は対等となる。両者は、南の空を横目に海岸と平行な位置取りとなったのだ。そして運命の時が来た。武蔵が櫂の木刀を振り上げて飛びかかったその瞬間、小次郎の物干し竿が唸った。その切っ先は武蔵が額に巻いていた手拭を切り落としたが武蔵本人には達しなかった。

武蔵にとっては思い通りの間合いだったかもしれないが、眼の前を横切る刀の一閃の光は、さぞかし武蔵にストレスを与えたに違いない。しかし、直後に、武蔵の櫂の木刀は小次郎の頭蓋骨をがつんと砕いた。

その瞬間、小次郎は鼻がつんとする感覚を味わっただろうか。視覚の中には光が飛び散っただろうか。頭に何かが当たった瞬間、眼の前に火花が飛ぶという経験を持つい人は多いと思うが、それは、眼の中の視細胞が衝撃を受けると、その刺激を光と感じてしまう光視症とよばれる現象の一種である。

小次郎の場合は頭全体が歪むほどの衝撃を受けたのだから、さぞかし強烈な閃光を見たに違いない。ただ、小次郎がその衝撃の後の苦痛を味わうことは無かった。閃光とともにすでに意識も失っていたのである。しかも、その口元には笑みを浮かべていたという。

吉川英治によれば、小次郎は武蔵の手拭が宙に舞ったのを見て、武蔵自身を切ったと信じたのだという。そんな小次郎にとって人生最後に見た閃光は自身の絶頂を讃える光と感じたかもしれない。こんな勘違いなら小次郎もずいぶんと幸せだったに違いない。

一方で巌流島の決闘を制した武蔵にとって、その後の人生はどうだったのだろうか。夫婦を誓い合ったお通さんとは何故だか結局結ばれず、生涯独身であった。長い遍歴の末、50歳を過ぎた頃ようやく認められて小倉藩や細川藩の客分として迎えられたらしい。客分とはいっても破格の好待遇であったとのことだし、いくつかの芸術作品も書き残しているから、それなりに充実した人生だったようだ。

そんな武蔵は、最晩年には「五輪の書」を書くために霊巌洞という日の光があたらぬ洞窟にこもったという。勘違いの眩しい光とともに息を引き取った小次郎に対し、勘違いのない人生の最後に光を避けた武蔵。その対比はずいぶんと興味深く感じるところである。

インスタントラーメンと光

久しぶりに袋入りのインスタントラーメンを作って食べた。僕が子供の頃から売られているロングセラーの銘柄だ。刻んだ長ネギを少し散らしてラーメンをすすったその瞬間、「ん？」という不思議な感覚に包まれ、そして懐かしい記憶が蘇ってきた。まだ土曜日に半日授業があった小学校の頃の記憶である。家に帰れば専業主婦の母がいたのだけど、給食が無い土曜の昼には僕がインスタントラーメンを作ることが習慣になっていた。母は栄養のためにとネギを刻んでくれた。時々、父が早めに帰宅してくると、その分も僕が作った。父は、「お前の作ったラーメンは美味しいなあ」と言いながら嬉しそうにラーメンをすすっていた。今の僕よりも若い父の向こう側には窓があって、そこからは土曜日の昼下がりの光が射し込んでいた。そんな数十年前の光景がひとすりのインスタントラーメンから湧き上がってきたのである。こういうのをプルースト効果と言うらしい。マルセル・プルーストの小説、「失われた時を求めて」では、主人公が紅茶に浸した一片のプティマドレーヌを口にしたその瞬間に強烈な幸福感を感じ、そして、存在すら忘れていた昔の記憶が視覚的イメージとして堰を切ったように湧き出して、紅茶のカップから次々と昔の光景が現れ出てくる、という有名な場面がある。味覚や嗅覚が視覚や感情の記憶を誘起するという効果として心理学や脳科学でよく引用される場面であり、作家の名前からプルースト効果と呼ばれている。「プティマドレーヌと紅茶」と「インスタントラーメン」ではずいぶんと格調が違うとはいえ、僕の経験も立派なプルースト効果だ。

味は舌で、光は目で検知されるのだが、最終的には脳で情報が処理され、味覚や視覚などの感覚となる。それぞれの感覚は脳の中の味覚野とか視覚野など呼ばれる異なった部分で処理される。だけれども、それらの部分は密接に連動しているらしい。物を食べるときには、もちろん味の情報が舌から脳に行くのだけど、同時に目で見た情報と合わさって食べ物の情報が統合的な記憶として作られていく。これによって食べ物の好き嫌いも形成されるのだが、何よりも僕達が安全に食べ物を選んでいく上での必須の機能なのだ。この機能により、食べ物そのものだけではなく、食べていた時の状況や感情まで含めて記憶が構築されるのである。

このような記憶形成に関わることは大変に興味深いことであり、いまだに研究の対象になっている。でもそれ以上に、僕は記憶に刻まれた光について考えると不思議な気分になる。数十年前の若い父を背後から照らした光は、どこかで吸収されたり反射されたりすることが無かったとすれば今頃は地球から数十光年の彼方に飛び去っているはずだ。それは太陽系外のいくつかの恒星を通り越してしまう程の距離だ。それなのに、その光がいまだに僕の頭の中にとどまっている。それが物理的なエネルギーとしての光ではないことは十分承知だ。けれども、僕の頭の中に過去の光がとどまっていて、たったひとすすりのインスタントラーメンの味覚でそれが飛び出してくるということに驚きを感じずにはいられない。

さて、「失われた時を求めて」は20世紀最大の小説とも言われる名作である。ただ、七編から構成されるその小説はあまりにも長大であるため、プルーストの母国であるフランスでさえも全てを読み通した人は少ないらしい。僕はといえば、10年ほど前にこの小説を読み始め、第一篇の「スワン家の方へ」の途中で頓挫したままだ。すっかり忘れていたけれども、第2篇のタイトルは確か「花咲く乙女たちのかげに」である。むむ、これは何としてでも第二編に辿り着かねばならぬ。そういう訳で、ひとすすりのインスタントラーメンは僕に昔の視覚的記憶だけではなく、花咲く乙女たちを求めて再びこの小説の旅を続けなければならない事も思い出させてくれたのである。

石川五右衛門とプラズモン

石川五右衛門は豊臣秀吉の時代の盗賊団の頭である。時には人殺しも厭わなかったというから決してほめられた生業ではないが、五右衛門の盗賊団が盗みを働く相手は秀吉を筆頭とする権力者のみだったこともあり、庶民にとってはヒーロー的な存在だった。最後は秀吉の配下によって捕らえられ、幼い息子の五郎市とともに釜茹での刑に処せられる。釜茹でと言っても釜の中は油で満たされていたということだから、実際には唐揚げにされたというべきか。温泉に行くと五右衛門風呂というお釜の形をした風呂があったりして、僕たちはありがたがってそれに浸かったりするのだけど、その由来を辿ればあまりぞっとしない代物だ。

ところで五右衛門に限らず、どういうわけか日本には○○エモンとか○○モンという名前のヒーローが多い。子供たちに人気のポケモン。これはポケットモンスターの略だ。一時、ベンチャーの寵児としてもてはやされた人も○○モンというニックネームで呼ばれていたが、これは怪物のような人という意味でのモンスターと、日本古来の～右衛門の両方をかけたものだろう。そして、いまや国民的なヒーローであるドラえもんこそモンの代表格と言ってもよいかもしれない。

光の世界においては今、プラズモンというものが随分と有名な存在だ。デジタル大辞泉によれば、「プラズモン：プラズマ中の電子の集団運動による振動を第二量子化した際に考えられる粒子」とあるが、なんだか難しい。要は、金属などの中に満ちあふれている自由電子がそろって集団運動し、あたかも一個の粒子であるかのような振る舞いを見せている状態のことである。鳥や魚が大群となって大きな一つの生き物のようになっているみたいなものだ。その名の由来はフォトンやフォノンと同じで、粒子の性質を示すものという意味になる-onをプラズマにくっつけたものであり、モンスターや右衛門とは全く関係ない。金属による光の反射は、金属に入射する光（電磁波）の進行を邪魔をするように自由電子が集団運動するというプラズモンの仕業である。また、教会などにあるステンドグラスは、ガラスに混ぜ込まれた金属の微粒子の中に生じるプラズモンが特定の色のときにだけ強く発生する、「プラズモン共鳴」という現象を用いた工芸品である。プラズモンそのものは古くから使われていた現象なのである。そんなプラズモンが今になって有名になっているのは、ステンドグラスで使われているプラズモン共鳴が、分子レベルの小さな物質の特性や構造を調べるセンサ、あるいは太陽電池などの変換効率を高くする技術として使えるかもしれないという事がわかってきたからである。その人気たるや、まるで怪物並みであるから、ある意味モンスターの称号をあたえてもよいのかもしれない。

たとえば、金や銀の直径0・1ミクロンくらいの微粒子に、ある条件で光を当てると、光のエネルギーはプラズモンとなって微粒子内に蓄えられる。もしも2つの微粒子があって、その間の隙間が0・001ミクロン程度だったりすると、そこには当てた光の一万倍くらいの光エネルギーの場が生じる。ホットスポットと呼ばれる場所だ。ホットスポットの中に何か物質があると、強烈な光エネルギーによって、通常の条件では起こらないような発光現象や化学反応が生じる。その原理がおもしろいことと、技術的にも便利な現象であることから、みんながこぞって研究を行っているのである。

それにしても、ホットスポットに入り込んでしまった物質の身になってみれば、そこはとんでもない灼熱地獄のような場所である。その状況を想像すれば、チリチリと煮立った油の中で、息子の五郎市がやけどをしないように頭上に高く抱え上げて熱さに耐えている石川五右衛門の悶絶の様子を描いた歌川豊国の絵が目に浮かんできて、ちょっぴり切ない気分になるのである。

山椒魚は悲しいか？——近接場光の穴——

井伏鱒二の小説で山椒魚が大いに悲しんだのは、苔だらけの岩屋から外に出られなくなってしまったためだ。二年程の思索の時間を過ごすうちに大きくなりすぎてしまった頭が、出口の小さな穴を通らなくなってしまったのだ。それにしても山椒魚君、生まれてこのかた一度も外に出ることもなく、暗がりの中で思索に耽っていたとは大したものだ。落ち着きのない僕にとっては驚くべき我慢強さである。さて、そんな彼も、ある日、岩屋からの脱出を思い立つのだが、結局、穴に嵌った頭が出口の蓋になるのが関の山であり、たまたま岩屋に入り込んでいた蛙に笑われたりするのである。

山椒魚でなくとも、自分の体よりも小さな隙間をくぐり抜けるのは至難の業である。光だって例外ではない。たとえば、光の波長よりも小さな穴に照射された光は、穴を通り抜けることはできない。ごくわずかな光は散乱光となって通り抜けるのだが、それは無視できる程度である。だから、穴の反対側から光を観測することはできない。ところが、穴のごく近く、だいたい0・1ミクロン以下くらいの距離まで近づいてみると、なんと穴のあるあたりに光が観測できてしまうのだ。これは、近接場光と呼ばれる、穴の周囲にへばりついている光だ。普段、どこまでも伝わっていく光の中で暮らしている僕たちにとって、どこかにへばりついていて遠くまで飛んで行かない光があるだなんて、すぐには信じがたいのだけど、理論的にも実験的にも証明されているから、近接場光は確かに存在するのである。

穴の周辺にへばりついている近接場光は、穴のサイズと同じくらいの領域に閉じ込められている。この性質を用いると、穴のサイズを小さくすることで従来のレンズなどの光学系では到底無理だった微小領域に光を絞り込むことが可能となる。１９９０年代前半くらいには、世界中の研究者がこの原理に基づく顕微鏡でいかに小さな物が見えるかを競い合っていて、僕もその中の一人だった。競争の鍵を握っていたのは、近接場光を発生させる小さな穴だ。少しでも小さな穴と、そこに光を効率よく導く機能を兼ね備えた素子が求められていた。そのころは、もう寝ても覚めても、どうやって穴を作るかをずっと考えていた。空一面を覆う雲の中にわずかに青空が顔を出す小さな隙間をみつけると、僕にはそれが近接場光を発生する穴に見えたりしたものである。そんな状況の中で、井伏鱒二の山椒魚は、僕の目指す物の象徴だった。山椒魚が光で、岩屋の出口が穴である。そしてその穴からわずかにはみ出す山椒魚の頭は、まさに近接場光だ。なんとしても光には悲しんでもらわねばならなかった。結局、小さな穴は、僕が当時参加していたプロジェクトで同僚だった若い研究者たちによって実現された。そして、そのおかげで、近接場光やその応用に関する研究は大きく進歩したのである。

ところで、山椒魚は穴から頭の先っぽを少し出すのがせいぜいだが、光の場合には、穴からはみ出した近接場光が別の物質と出会うと、光がそちら側に乗り移って行くという性質を持っている。光のトンネリングという現象だ。このトンネリングによって、光は外に抜け出すことができる。もしも山椒魚がトンネリングの能力を持っていれば、優しい神様がクモの糸のようなものを穴の出口に流してくれたタイミングに合わせて頭を押し出すことで、首尾よく岩屋の外に脱出できたかもしれない。もっとも、それができたとして、彼は果たして幸せだったかどうか。水に流されまい、群れからはぐれまいとして必死に泳ぐメダカを、穴の中から傍観者として馬鹿にしていた山椒魚先生は、今度は自分が流れの中に身を置くことになるのだ。水流に対して孤独な戦いを続けなければならない現実を知ったとき、彼は外に飛び出したことを後悔したのではないか。だから、岩屋の中で一生を過ごしたことは、彼にとっては実は幸いだったのかもしれない。

ひかり号を超えるもの

子供の頃、僕は父の勤める企業の東京の社宅に住んでいた。そこには、全国様々な地方出身の家族が住んでいた。北海道に帰省する我が家は飛行機を利用していて、友達からは随分と羨ましがられていた。でも、僕は飛行機に乗るのが怖くて、本当は嫌だったのだ。

僕からすれば、新幹線で帰省する関西の子供たちが羨ましくて仕方がなかった。その頃の子供たちにとって新幹線は憧れの乗り物だったのだ。

もちろん、「最速の鉄道」ということもあるが、僕には「ビュッフェ」という物の存在が大いに気にかかっていた。新幹線にはビュッフェという簡単な食堂があって、カレーライスが美味しいのだという。そんな自慢話を聞いて、僕は「ビュッフェのカレーライス」ってどんなに素晴らしいものなのだろうかと妄想を膨らませていたのである。

開業当時、東海道新幹線は「ひかり号」と「こだま号」のみの運行だった。フラッグシップの「ひかり」は東京、名古屋、京都、新大阪のみに停車し、「こだま」は各駅停車である。もちろん子供たちにとっては「ひかり」こそが新幹線の代名詞だった。後年、僕が就職して新幹線を頻繁に利用するようになった頃も、東海道新幹線は「ひかり」と「こだま」のみの設定だった。まだ0系という古い形が残っていて、トンネルに入ると風圧でベコっという音とともに車体がへこみ、耳がツンとした。その頃には「ひかり号」の停車する駅は開業当時に比べて増えていて、別格だった存在感は少しだけ薄れていた。

ところで、ビュッフェのカレーライス。大人になって初めて食べたそれは、子供の頃に妄想していた夢のような食べ物ではなく、普通に美味しいカレーライスだった。まあ、ビールも一緒だから、申し分の無いひとときであったことは確かだ。だからビュッフェが無くなってしまったことは、大変残念なことである。

そうこうするうちに、スピードアップした新車両の投入と同時に、停車する駅を再び限定する設定の構想が湧き上がった。このとき僕は考えたのである。新しい運行便は何と命名されるのかと。言うまでもなく、「ひかり」は光、「こだま」（木霊）は音に由来する。本来、その速度の違いが7桁もあることは、ここでは気にしない。いずれにしても、この世で最速の光を冠した「ひかり」こそは、フラッグシップに相応しい名前であった。その「ひかり」を超えるとなると、命名は大変悩ましい。

光を超える速さという意味では、架空の粒子「タキオン（超光速粒子）」がある。JRの列車の命名は大和言葉という限定から、「超ひかり」なんていうのも考えられるが、なんだか風情が無い。速度は同じでも停車する駅が少ないということを相互作用が少ないということにすれば、光速で進み、物質との相互作用が少ないニュートリノを日本語にして「中性微子号」というのはどうだろう。

いやいや、とても大和言葉とは感じられない代物だ。うーん、困ったことになるぞと、僕は随分気を揉んでいたのである。結局、決まった名前は「のぞみ」だった。物理の筋を外し、想像の筋に命名を持ち込んだのである。想像の中であれば光の速度も簡単に超えられるから、これは実に巧妙な命名であった。

こうして、東海道新幹線のフラッグシップはスピードにおいても本数においても「のぞみ」のものとなった。いまや「ひかり」はスターではない地味な存在となってしまった。今後、東海道新幹線はさらに進化していくのだろう。そして、「のぞみ」を超える新しい存在が出現するかもしれない。でも、僕にとっては、森羅万象に由来する「ひかり」こそが最速を表現する最も美しい言葉であり、今だって「ひかり」に乗ることは結構うきうきすることなのである。

光芒　―ヤコブの梯子で遊ぶ―

犬を飼っているので朝夕は散歩に連れて行かなくてはならない。もともと子供の要望で飼い始めたのだが、欲しがった当の本人はちっとも世話をしないから、結局、妻と僕の二人で交代に面倒を見るという構図である。冬の朝の散歩はつらい。だけれども、冬にも良いことがある。日の出が遅い冬には、ちょうど散歩の時間に日の出を迎えることができる。東の空に少し雲がかかっていて、その隙間からその日最初の日の光が光芒となって放たれたりすると、天から一日の力をもらったような気分になる。

光芒というのは、雲間から射し込む太陽光が大気中のちりなどに散乱されて見える光の筋である。名前の通り、その光は空から地上に向けて芒（すすき）の穂のように広がって見える。それは、多くの人を魅了する厳かな自然の巧である。僕は子供の頃から光芒を見るのが好きだった。

灰色の雲の中にもオレンジ色に光る部分があって、そこから幾筋もの光が地上に注ぎ込む。光の筋は地上側に広がっていて、光に照らされた場所は、スポットライトで照らされたように光り輝いている。しかし、それは永遠ではなく、時にはゆっくりと、そして時には目で判る速度で移り変わっていく。そんな光景に、僕は天地創造を思い重ねたのだ。

ところで、光芒が地上側に広がって見えることは何だか当然のような気もするが、良く考えてみると不思議だ。太陽は地球から十分遠いので、地球に降り注ぐ太陽光は、ほぼ平行となる。だから、ふたつの雲間から射し込む太陽光だって、本当は平行となっているはずである。それなのに、どう見ても地上に向かって広がって見えるのである。

これは遠近感による目の錯覚の仕業だ。たとえば、10㎞先の2000m上空に雲の穴が500mの間隔で二つあって、そこから15度の角度でこちらに光が射し込んだとする。その光が地上に降りるのは、地球が丸いことを無視すれば、観測点からおよそ2・5㎞程度の位置となる。幾何学的な見込み角からざっと計算してみると、物理的には平行な二筋の光は、人間の目からすると60度くらいの角度で地上に向かって広がっているように見えるのである。実際には太陽の角度と雲間の穴の位置関係によって見え方は変わる。

よく観察してみると、たとえば昼間、太陽が高いところにあるときに、遥か水平線あたりにかかる光芒が、お互いに平行な筋として見えることもある。そうはいっても、光芒といえば地上に向かってダイナミックに広がる光を思い浮かべずにはいられないのだ。

たとえその正体がわかったとしても、光芒の神秘性が失われるわけではない。西洋では、光芒は「ヤコブの梯子」とも呼ばれるらしい。それは天使が地上と天とを行き来する梯子だそうだ。もし本当にそんなものがあるのだとしたら、僕自身がそれを上り下りできればどんなに素晴らしいだろうと、つい妄想にふけってしまう。

雲間から陽光の一筋がかかったそのとき、僕はいそいそとヤコブの梯子を登り始める。うかうかしているわけにはいかない。時と共に光芒は消えゆく運命にあるから、数分のうちに登り切らなければ、梯子は忽然と消え去って僕は真っ逆さまに地上に落ちてしまう。ヤコブの梯子は天使にしか使えないのだ。少しおまけをしてもらって、雲の位置がまったく動かないとしたらどうだろう。光芒の出所が２０００ｍくらいの高さだとすれば、日が照っている間に登り切ることは可能だろう。

ただ、太陽は動く。日の出の頃には緩い傾斜だったヤコブの梯子は、時間とともにその斜度を増す。夏至の東京ならば南中時の角度は75度程度。踏み外せば真っ逆さまである。一方で冬至であればそれが30度弱だから、これならば安全かもしれない。もしも「ヤコブの梯子ツアー」というものがあったとしたら、冬は初心者向け、夏は熟練者向けなんていうクラス別けができるかもしれないな。などと、光芒だけでいろいろなシーンを想像して遊ぶことができるのである。

謎の後光　―オーレオール効果―

デンマークの首都、コペンハーゲンを訪れたのは数年前のことだ。とはいっても、他の土地で行われた国際会議からの帰途、コペンハーゲン空港から成田に向かう飛行機の出発時間までの数時間を過ごした程度であるが。

季節は6月。空気が乾燥していて気温もそれほど高くはないのだが、さすがに白夜の季節の日差しは強く、歩いていると少し汗ばむくらいだ。行き当たりばったりで有名な市庁舎や宮殿などをぶらつくうちに、運河添いの賑やかな通りに出た。運河の片側には色とりどりの建物が並んでいて、まるでお伽の国のようだ。そこはニューハウンという17世紀にできた港町で、コペンハーゲンを代表する風景のひとつになっている。運河には帆の立った船が並び、色とりどりの建物たちと運河の間の通りにはオープンカフェの日よけのテントが並んでいる。そして青空だ。そんな風景を運河の対岸から眺めていると、なんだかうきうきとした気分になってくるのだった。

やがて運河に架かる橋が出てきたので、僕はニューハウンの核心部に渡ることにした。橋の下には、いかにも運河らしい、どよんとした水が揺れている。時刻はちょうど正午。日光を背にしているので、きらきらと反射光を放つ水面に僕の影が頼りなく揺れている。よく見ると、水面に反射する明るい光は、僕の影の頭の部分から外側に向かって幾筋もの放射状に伸びるパターンを作っていて、それが炎のように揺らめいている。まるで僕の頭から後光が出ているようだ。立つ位置を移動してみても、その後光は僕の頭の影にぴったりと寄り添ってくる。

一体この光は何なのだろうと、僕はその場で考えだしてしまった。細かな波が造り出す回折光だろうか。でも、もしも回折だとしたら、光は放射状ではなく、僕の頭の影を中心とした同心円状に見えるはずだ。うーむ、何だか不思議である。僕はカラフルな建物の前のオープンカフェの一軒に入り、昼食をとりながら、今見た光の発生原理を考えることにした。ビールを飲みながら運河を眺めると、対岸に停泊している背の低い運搬船のデッキにホットパンツで上半身ビキニの若い女性が寝そべって本を読んでいる。ついついそれに見とれてしまっているうちに、僕は先ほどの光の事などすっかり忘れてしまい、結局そのままになってしまっていたのである。

それが、今年の正月に〝Color and Light in Nature〟（Cambridge Univ. Press）という本を眺めていたら、コペンハーゲンの運河で見たのと同じ、あの光がAuleole（オーレオール）効果という名で紹介されていたのである。それによると原理はこうだ。水面の無数の細かい波のそれぞれがレンズとして働き、平行光として入射する太陽光を集光する。それぞれのレンズは高性能ではないから、光は点に集光される訳ではなく、無数の光の筋となって太陽光の入射角度と平行に水中を進むことになる。不透明に見える水も、実は数m程度の透明度はあるのだ。そして、水の中の細かい粒子によって光が散乱されるため、それぞれの光の筋は水の上からでも見える。複数の光の筋同士は平行なのに、なぜ放射状に見えるかというと、それは何と遠近効果だという。真っすぐな道路の真ん中に立って遠くを見ると道路がだんだん狭くなっていくように見えるのと同じ原理で、平行に伸びる複数の光の筋は水中深くなるほど中心（頭の影）に集まっているように見える。そして感覚的には、いかにも頭から外側に光が放射されているように感じてしまうのだ。水面の細かい波は常にその形を変えているから、それに応じて光の筋も揺らいで見えるのである。

いやはや、僕はてっきりこの光が水面の反射によって創られるものだと思い込んでいたから、今の今まですっかりとだまされていたことになる。まあ、わかってしまえば古典的な光学で簡単に説明できる現象でも自分の知らないことはまだ一杯ありそうだから、この先も当分は光で楽しめそうだぞと、一人合点した正月であった。

蛇女と蛇の目

僕がまだ学生だった頃、「蛇女」というものを見たことがある。大きなお祭りで露店が立ち並ぶ公園の一画に、「蛇女」の見世物小屋がかけられていた。「蛇女」で真っ先に想像したのは、妹が読んでいた少女漫画に連載されていた、楳図かずおの「へび女」だ。母親が蛇に乗り移られて、時々鱗だらけの口裂け女になって主人公を恐怖のどん底に陥れるという話だった。でも、見世物小屋の檻の中にいた蛇女はそんな妖怪ではなく、ビキニの水着を纏った中年の女性だった。水着のパンツからは弛んだ腹がはみ出していた。なんでも、幼い頃に山に捨てられ、熊に育てられ、言葉もしゃべられぬという。野生らしく、ボサボサの髪を無骨にもしゃもしゃ掻いたり、時々こちらの方に眼を剥いて睨みつけては、嗄れ声でギャーと凄んだする。一体これのどこが蛇女なんだ?と思っていると、やがて、彼女は箱の中からニシキヘビを取り出した。そして、それを首に巻きつけて苦しそうに目を白黒させてみせるのだが、大人しいニシキヘビはちっとも彼女の首を絞たりしていない。ひとしきり蛇と戯た後、彼女は何事も無かったかのようにヘビを箱の中に収めた。そして、ビキニの腿のあたりに挟んであった可愛らしいハンカチで、滴る汗をごしごしと拭き取ると、拍手をねだる身振りをするのだった。見せ物はそれだけである。蛇女とは、蛇を首に巻く女のことであった。昭和の時代の話である。

蛇と言えば「蛇に睨まれた蛙」なんていう言葉もあるとおり、その目には妖力が秘められている印象がある。その真偽はともかく、実際の蛇の目は実にユニークで興味深い。まず、形がまん丸で瞼がなく、瞬きをすることがない。蛇の目は透明なカバーで覆われていて、そのカバーと眼球の間に水分の層があるので瞬きをしなくても眼が乾燥することは無いらしい。このカバーは全身を覆う鱗の一部であって、脱皮の時には一緒に脱いでしまうというからびっくりである。蛇の目で最も興味深いことは、レンズ機能を受け持つ水晶体が球体であるということだ。蛇以外の陸上で住む動物の眼は、水晶体が扁平で、その厚みを変化させることで焦点距離を調整する。しかし、蛇の目の水晶体は球体で、それをカメラのように前後させることで焦点距離調整を行なう。実はこれは魚の目と同じ仕組みである。目は、角膜と水晶体の屈折の組み合わせで網膜に画像を結像する光学系である。光の屈折力は、光の入射界面の屈折率の差が大きいほど強い。陸上に棲む動物の場合、眼の最表面となる角膜（屈折率1・37）に接するのは屈折率が1の空気なので、この面で大きな屈折角が得られ、あとは扁平な水晶体レンズ（屈折率1・4くらい）の厚みを変えることで焦点距離の調整を行えば良い。一方、水中の生物の場合、目の最表面に触れるのは屈折率1・33の水であるため、角膜との屈折率差が小さくて十分な屈折力が得られない。それを補うためには、分厚いレンズが必要で、それが球体の水晶体なのだ。水晶体が球体になると、生物の力でそれを変形させて焦点を調整することが困難なため、水晶体を前後させることで焦点調節を行うのである。もともと水中生物のための屈折力が高い目の構造だから、陸に暮らす蛇は、さぞかし近眼に違いない。

ところで、和傘のことを蛇の目（じゃのめ）傘という。石突を中心に、輪が描かれた傘の模様が蛇（ヘビ）の目のようだから、そのように名付けられたらしい。「雨雨降れ降れ母さんが、蛇の目でお迎えうれしいな…ランランラン」という歌に出てくる蛇の目（ジャノメ）はもちろん傘のことである。母親の迎えがうれしい子供の心情が良く表れた歌だ。しかし、「蛇の目傘」という言葉は現在ではほとんど死語となってしまった。だから、この歌を以下のように解釈してみる。「薄暗い雨の夕闇の中、母さんが蛇（ヘビ）の目で迎えに来た…」。それはそれは恐ろしいことで、僕は蛙のように動けなくなってしまうのである。

隣の芝生は青かった

「隣の芝生は青く見える」という言葉がある。これは、〝The grass is always greener on the other side of the fence〟が日本語に訳されたもので、「他人の物は何でも自分の物よりも上等に見えてしまう」という意味で使われる。「まあ、そんなに他人を羨ましがらなくてもいいんじゃない」というご教訓的な意味で用いられるが、同じ意味のことわざはいくつかあって、「隣の薔薇は赤く見える」とか、中には「隣の飯はうまい」などというものもある。日本では芝生のある家が決して多いとは思えないが、なぜだか「隣の芝生…」が一般的によく用いられるのである。

それにしても、英語ではgreenerだったのが日本語では青に変わってしまっていることは興味深い。古くは、日本語の青は、緑から紫までの暗色全体を表す言葉だったようだ。そんな言葉使いの名残が現代でも残っているのだという。理屈はともかく、「青葉」とか「青々と茂る」なんていう言葉もある通り、僕たち日本人は、青という言葉から若々しい緑を感じるものなのだ。だから、「芝生が青い」と言われてもそれほど違和感を感じることはないのである。

さて、言葉使いはさておき、実際に隣の芝生は青く見えるものだろうか? 僕の家にも狭いながら芝生があり、フェンスの向こうには隣家の芝生が見えている。確かに、自分の庭に立って見た感じでは、フェンスの向こうの芝生の方が緑が濃いようだ。いやいや、物理を学んだ人間の端くれとして、気分に流されて物を見てはならぬと心を落ち着けてじっくりと観察するのだが、やっぱり隣の芝生の方が立派に見える。幸いな事に、僕の家と隣の家の芝生は道路沿いに並んでいるから、その道路からではあるが、隣の庭の前に立って自分の家の芝生と比べてみれば、あら不思議。今度は自分の家の芝生の方が立派に見えるのである。どうやらこれは気のせいではなさそうだ。芝草の根元には、地面の土や枯れた芝などが存在する。よほど手入れのされた芝生でもない限り、真上から見ればそれらが芝生の隙間から目に入るので、芝生は緑色と枯れ草色が入り交じった茶けた色になる。一方で、遠くの芝生は斜めから見ることになる。そうすると根元の部分は隠れてしまい、目に入るのは元気な芝の緑のみだ。だから、事実として隣の芝生は自分の足下の芝生よりも緑濃く見えているのである。

何はともあれ、世間で言われている「隣の芝生は青く見える」というのは気分だけの問題ではなく、物理的にも理にかなっていることがわかった。おお、これは新しい発見ではないかと少しワクワクしてみたのだが、ネットで調べてみたら何の事は無い。隣の芝生が青く見える物理的な説明がいくらでも出てくるし、「他人の欠点は端からはわからぬもの」と発展させた説明もあったりするから、このことはすでに公知のことなのである。

いずれにしても、隣の芝生の緑は濃く見えて当然なのだが、これは一般庶民である僕たちの生活空間での話である。たとえば僕がゴルフ場のような広大な芝生の庭を持っていたとする。小さな谷を挟んだ遥か向こうの丘には隣家の芝生の庭が広がっていて、それは、遠くの山のように青く見える。これは、僕の家と隣の家の間の空気中の分子によるレイリー散乱によって、波長の短い青い光がより多く散乱され、その光が景色に重なるために起こることである。〝The grass is always "blue" on the other side of the valley.〟なのである。そんな境遇の中で、「今日は隣の芝生がことさら青いよねえ」なんていう豪勢なことを言ってみたいものである。

心霊写真の写り方

幽霊の世界にも写真に写ることが好きなものがいるらしい。自分ではカメラを構えることができないものだから、生きている人間が撮る写真に映り込んだりする。心霊写真と呼ばれるものである。たいていの幽霊は暗い顔をして写っているが、たまには陽気な顔でピースでもしている幽霊だっていても良いのにな、と思ってしまうのだ。

幽霊そのものの存在についてはさておき、僕の関心事は、幽霊さんたちが人間の肉眼では見えないように気遣いながら写真には映り込むためにどんなテクニックを駆使しているのだろうか、ということである。

まず、もっとも確実に写真に写る手段としてあげられるのは、自分が一緒に写りたいと思っている人の傍に現れる事である。カメラは実直な物理装置だから、写真に写るときだけは可視光の光を反射するか、自発光する物質に変身することが必要だ。カメラでは手ぶれを防ぎながら適切な露出条件を得るために、だいたい1／60秒よりも速いシャッタースピードが設定される事が多い。幽霊さんもそれに合わせて、ごく短時間だけ自分の体を変身させるのだ。一瞬だけ可視状態のなるのであれば、人間には認識されずに写真にだけ映り込む事は可能かもしれない。ただし、シャッタースピードが1／2000秒なんていうことだってあるから、写真を撮る人がシャッターを押す瞬間のタイミングを絶妙に見計らうという集中力が必要となる。

次に挙げられるテクニックは、透かしシールのような形態に変身して撮像面にべったりとくっつくというものである。これならば人間にみつかる心配はないし、シャッター速度と完全に同期する必要も無い。自分自身を通る光はすでにレンズを通して結像されているから、その像と二重になったような画像になるはずだ。なんだか儚げに透き通って写っている霊はこのテクニックを使っているのかもしれない。ただし、撮像面の画像は実際に比べてものすごく小さいわけだから、幽霊さんもそれに合わせて自分のサイズを小さくする必要がある。また、この方法では、撮影者の気まぐれで被写体は常に動いている。自分が取り付きたい人物の傍に映り込もうとすると、撮影者の心を読んでシャッターが押される時のシーンをしっかりと予測し、適切なポジションを押さえるという並外れた集中力が必要なのである。

そしてもうひとつ挙げられるのは、被写体と撮像面の間の空間に現れるというテクニックである。これは究極的に高度な技だ。反射にしても発光にしても、被写体の各部分から出る光は四方八方に散乱する。被写体と結像面の間の空間では、これらの散乱光どうしが重なり合い、非常に複雑な光のパターンが形成されていて、レンズを通す事で、焦点となる位置にもとの被写体の画像が結像されるのである。だから、もしも幽霊がこの空間に出現しようとしたら、結像される前の複雑な光のパターンとなって現れなければならない。この分布は原理的にはコンピュータによって予測することができるが、実際には膨大な計算が必要で、高性能のコンピュータでも答えを得るのに長い時間が必要となる。幽霊は特殊な能力を持っているのだと言われてしまえばそれまでだが、それにしても生前は物理や数学の知識をまったくもたなかった人が幽霊になった途端にスーパーな知識と計算力を手に入れているとしたら、それは実に驚くべきことなのだ。

以上のように、幽霊として心霊写真に写るためには類いまれな集中力や高度の知識、そして想像を絶する計算能力などが必要なのである。いずれ僕もあの世にいった時には暇つぶしに心霊写真にでも登場してみようかなどと考えていたのだが、集中力も計算能力も低い僕にはとても無理なことのように思えて途方に暮れているのである。

愛しのホログラフィー

ホログラフィーというのは光技術の中でも長きにわたって高い人気を維持するスターの一つである。その人気の秘密は何と言ってもリアルな立体像を再生できるという点に尽きるだろう。これによって、多くの研究者がホログラフィーに魅せられてきたのではないだろうか。

何を隠そう、この僕もその一人なのだ。浪人時代に、たまたまぶらついていたデパートで開催されていた「驚異の立体画像・ホログラフィー展」を見た僕は、ホログラフィーが造り出す不思議な世界に興奮してしまった。当時アイドルだったアグネス・ラムという若い女性がホログラムの中でこちらに振り向いてウィンクを飛ばしてきた時、僕は決心したのだ。「光を、ホログラフィーを研究するのだ」と。数年後、大学の4年生になって幸にもホログラフィーを研究する研究室に配属された僕は、いよいよ想いを遂げられるという期待に舞い上がったものだ。僕が卒論のテーマとして与えられたのはホログラムスキャナーであった。これは、レーザープリンター等でレーザースポットを走査するために用いる回転ミラーや特殊なレンズによる複雑な光学系を1枚のホログラムで実現しようとする技術だ。コンピュータホログクラムも組み合わせ、当時としては最先端で面白いテーマだった。しかし、もともと立体画像に惹かれてホログラフィーを目指した僕にとっては何か満ち足りないものがあった。「若い頃の光り輝く女性に恋い焦がれ、憧れ続けてようやく想いが叶ったときに、相手は普通の大人になってしまっていた」という感じである。さらに、この研究でホログラフィーがシンプルな数式で記述・設計できる干渉現象だと実感できたとき、ホログラフィーに対する僕の情熱は消え去った。恋を維持するためには数式では表されない謎が必要なのだ。

さて、上記のことは浅薄な僕の個人的な過去であり、ホログラフィー自体は今に至るまで営々と「研究者たらし」の遍歴を辿っている。ガボールが電子顕微鏡の高分解能化技術としてホログラフィを発明したのは1948年のことだから、それから70年近い年月がたっていることになる。なんと1960年に発明されたレーザーよりも古参なのだ。一つの技術がこんなに長い間、研究の対象になり続けているというのは結構珍しいのではないかと僕は思うのだ。

ホログラムスキャナーを含むホログラム光学素子の技術は、たとえばスーパーマーケットのレジで使われているバーコードの読み取りシステムや、光ディスクのピックアップ光学系など、実用技術としていつの間にか身の回りで使われるようになっている。また、ヘッドアップディスプレイやスマートグラスの光学系としても実用が始まり、今後大きく伸びて行きそうな勢いだ。そういう意味では、ホログラフィーに対しては、「けっこうしっかりとやっているじゃないか。安心したよ。」と声をかけたくなるのである。

一方、立体像再生に関しては動画の実現に向けて数十年の研究が続けられている。並列の情報を光で一度に再生できるというホログラフィーの特徴を活かせば光コンピューティングが実現できるのだと、多くの研究者が実用化を目指している。多重記録性を活かした光ホログラムメモリに関しても、これまた多くの研究者や技術者が挑み続け、企業からの技術発表も時々出てくる。これら、「実用間近」と言われてから長い時間がたち、それでもなお多くの研究者や技術者が奮闘している研究をみるにつけ、僕はホログラフィーに対して「あいかわらず浮き名を流しているじゃあないか。そろそろ身をかためろよ。」と言いたくなってしまうのだ。

僕自身はホログラフィーから身を引いて久しいのだが、昔つきあった恋人のように、その行く末は気になるのだ。だから、現在奮闘中の研究者や技術者には、手練手管を駆使し、ぜひともホログラフィーをゲットして、幸せな未来を築いてほしいと願っているのだ。

ハノイの混沌　―光の交差点―

ハノイに行ってきた。ベトナムに行ってみたいという妻と、カンボジアのアンコールワットをぜひ見たいという僕との折衷案として、限られた休暇の前半をカンボジア、後半をベトナムという旅程を組んだのだ。ベトナムで何故ハノイを選んだのかと言えば、とりあえずベトナムの首都だから、という、その程度の理由である。実際に行ってみると、ハノイという街は古い歴史とアジアのエネルギッシュな喧噪を併せ持つ魅力的な街だった。そんなハノイでは、道路を洪水にように流れる車やバイクの群れが名物の一つとなっている。逆走・信号無視が普通だから、歩いて道路を渡るのは大冒険だ。宿泊したホテルでもらった注意書きには、「道路を渡るときには、右と左をよく見て、そしてゆっくりと一定のペースを保って渡りきること。決してペースを変えたり後戻りしてはいけない。」というようなことが英文で書いてある。要は車やバイクに避けてもらうことを前提にわかりやすく渡りなさいということである。異常なまでに厳格な日本の交通ルールに守られている僕たちは、ハノイで道を渡るコツを体得するために一日は費やした。特に凄いのは交差点だ。日本では渋谷のスクランブル交差点で人がぶつからずに通り過ぎて行く風景が外国人に驚かれているが、ハノイではそれが車やバイクで繰り広げられているのである。

夕刻に入ったレストランは交差点の角にあり、そして、たまたま僕たちが座った席はその交差点を目の前に見渡す事が出来る場所だった。すでに夕闇に包まれた交差点には、ヘッドライトを点灯した大量の車やバイクが次々と無秩序に突入していて、もう絶対にぐちゃぐちゃの大惨事になるはずだとはらはらしてしまう。しかし、交差点の中で派手にクラクションを鳴らしながら入り乱れ、滞っている車やバイクたちは、不思議な事にぶつかることもなく、結局は通り過ぎて行ってしまうのだ。この中に観光客を乗せた自転車タクシー「シクロ」が割り込み、大きな天秤に果物や土産品をかついだ物売りが悠々と通り過ぎ、それらの間を縫うように歩行者が道を渡っていく。まさに混沌なのである。

そんな光景をじっと眺めながら、僕は、車やバイクなどは窮屈に滞っているのに、クラクションの音やヘッドランプの光は、遮るものさえ無ければ互いに交差してもそれぞれの速さを変えることなく通り過ぎて行ってしまうのだ、ということに想いを馳せていた。光は波の性質を持つので、「波動の独立性」の原理に従って、たとえ交差して重なり合ったとしても、結局は秒速約30万kmという速度を保ったまま、それぞれの方向に過ぎ去って行く。でも、光には波動と粒子の二重性という性質があるので粒子としての光が衝突すると何かが起きるのではないかという疑念も湧いてくる。実際には光子はボーズ粒子であり、一カ所に何個でも重ね合わさることができる。だから交差した瞬間に重ね合わさったとしても、次の瞬間には何事も無かったように通り過ぎてしまうのだ。可視光よりも波長が短い、すなわちエネルギーが高い光であるガンマ線同士が衝突した時には、ガンマ線の光子が消滅して電子と陽電子に変わってしまうということも生じるが、僕らが暮らす環境で飛び交う光のエネルギーではそんなことは起きない。一方で僕たち自身の体も含めて身の回りの物質はフェルミ粒子である電子で構成されていて、一カ所に重なり合うことはできない。だからこそ物質が構成されるのだけれども、ハノイの交差点のような混沌が生じる大元の原因にもなるのだ。

そんな混沌の中で右往左往している人間を置き去りにして、光はあっという間に過ぎ去っていく。それはすなわち時間が過ぎ去って行くということと同じだ。ああ、まったくもって人間の営みとは儚いものだ…ハノイの街角で、普段はまったく考えもしない想いにとらわれていたのは旅愁というやつですかね。

太平燕　―春雨はなぜ透明なのか―

初めての熊本は、慌ただしい日帰り出張の旅だった。事前に現地に住む知人からメールでお勧めの食べ物をいくつか教えてもらっていて、その中に「太平燕」という食べ物の名前があった。なにやら目出たそうでもあり、そして謎めいているその名前に少し興味はわいたのだけれども、熊本ラーメンや馬刺などの魅力に押され、ミーハーな僕の中では「太平燕」の優先順位は少し下の方だった。

生憎、熊本を訪れた日が強い雨だったため、仕方がなくアーケード街で昼御飯の店を探していたら、知人が教えてくれた「太平燕」で有名な紅欄亭という中華料理店が現れたので、まあいいかと結局その店に入ることにした。座席に案内されて注文をするときになって、僕は「太平燕」を何と読むのかわからないことに気がついた。仕方が無いから「タイヘイツバメください」と言ってみたら、店の人はすこしニヤッとしながらも心得たように「タイピーエンですね。」と言ってきたので、ああこれは「タイピーエン」と言うのだということを僕は初めて知ったのである。名前からして燕の巣などと関係あるのかと思っていたが、出てきたものは揚げ卵や野菜などの具がたっぷりと乗った春雨スープだった。とはいっても、鶏ガラと豚骨でとった、あっさりとしながらも深みがあるその味は、過去に食べた事がある春雨スープとは別物のたいへん美味なるものだった。透き通った春雨を啜りながら、僕は透明な食べ物って外に何があったっけ?という、どうでも良い事が気になってしまった。タピオカ、葛、寒天、ゼリー（ゼラチン）そういえば飴だって透明だ。案外、身の回りには透明な食べ物って出回っているものである。

それにしても、春雨はどうして透明なのだろう。春雨の原料は、もやしの種である緑豆あるいはジャガイモ等から抽出したでんぷんである。でんぷんというのは炭水化物からなる高分子で、抽出した直後のものは分子同士がくっついた結晶構造となっている。白い粉の一粒一粒が結晶のつぶで、そのサイズは光の波長よりも十分に大きい。そのような大きなつぶつぶ状態では可視光全域にわたって強いミー散乱が生じるために粉が白く見えるのである。このつぶは水に溶かしても形が変わらないため、そのままでは水溶液も白濁したままだ。しかし、水溶液を加熱して煮ると、結晶を構成する分子間に水が入り込んで結晶構造が崩壊し、ついには分子同士がばらばらになってしまい、水の中に分子が均一に分散する構造となる。分子ひとつひとつのサイズは光の波長よりも十分に小さいから光の散乱が少なくなり、透明になるのだ。おそらく短波長の光に対して強いレイリー散乱が生じるので、もしもプールのような大きな場所にこの液体を入れてやれば少し青みがかった色が見えるかもしれないが、現実的な容量ではほぼ透明となるのだろう。このようにでんぷんの結晶構造が崩れてしまう変化を糊化というらしい。そのような状態では、液体がどろどろの糊のようになってしまうことからそのような名前がついているのだろう。春雨は糊化したでんぷんのどろどろなものを穴から押し出して麺の形状にして乾燥したものだが、いちど糊化してしまったでんぷんは乾燥させても完全にはもとの結晶状態には戻らずに分子同士が離れたままだから、あの半透明の春雨が出来上がるのである。透明だから印象としては栄養が無さそうにも感じるけど、春雨は実は栄養満点の炭水化物なのである。

さて、その日僕は観光こそできなかったけれども、仕事の合間に差し入れの「いきなり団子」を食べ、仕事後には極上の馬刺をつつきながら球磨焼酎の「武者返し」（これが本当に旨い）をいただき、そして締めには熊本ラーメンをすすり、たいそう太平な気分で熊本をあとにしたのであった。そのせいかどうか、いまだに熊本と聞くと「タイヘイツバメ」という言葉が頭に浮かんでしまうパブロフ状態に陥っているのである。

青い瞳を巡る謎

いつのことだったか、こんなことを言われたことがある。「瞳の色が茶色の人は移り気なんだって。そして、あなたの瞳の色は茶色。」特に何か抜き差しならぬ状況であった訳ではなく、普通の雑談の時であったことを断っておく。それはともかく、たしかに僕の瞳は少し薄めの茶色だ。そして自分でもいやになるくらい飽きっぽい性格である。だから、僕はその時の一言を特に理由も無く受け入れ、そのうえ「そうかあ、茶色の瞳だから移り気なんだ。いやいや待てよ、移り気だから目が茶色いのか。ふーむ、どっちが先なのだろう」などと、どうでも良いことに思考の時間を費やしていたりしたのである。でも、よくよく周りを見渡してみれば、茶色い瞳でもしっかりと一つの物事に取り組んでいる人だっているし、だいたい世界にはさまざまな瞳の色を持つ人がいるのに瞳の色で性格が決まっているようでもなさそうだぞ、ということにようやく気がついたのである。

なんとなく納得していたのだけれど、よくよく考えてみれば「本当?」と疑念を持ってしまう事って、この世の中にはけっこう溢れているような気がする。たとえば「青い瞳」もそのひとつだ。瞳というのは瞳孔のサイズを変えて網膜に取り込む光の量を調整するための目のパーツで、「虹彩」というのが正式な呼び名だ。虹彩は平滑筋という筋肉で出来ている組織だが、それがメラニン色素を多く含んでいると茶色や黒に見える。これに対して、欧米人に多い青い瞳というのは、虹彩が含むメラニン色素が薄いために青く見えるのだ、というのが何となく知っていた情報だ。「ふうん、緯度が高くて日差しが弱いところに住んでいる人種はメラニン色素が少ないから髪の毛も黒くないし、肌も白いし、瞳も青いんだ。」と、特に疑問を持つ事もなく、この歳まで過ごしてきた。しかし、最近、ふと考えてみたら、どうしてメラニン色素が少ないと青い瞳になるのか、ということについて、少なくとも僕自身は全く理解できていないことに気がついたのである。いくらメラニン色素が少ないからと言って、青い色素を持たないはずの人間の瞳が青になる、という理屈がよくわからないのである。いろいろと調べてみると、そこにはレイリー散乱が絡んでいるらしい。虹彩のメラニン色素が豊富に含まれている場合には、色素分子が凝集して大きな粒状になって存在する。このような状態では全ての色を万遍なく散乱し、また吸収する。これに対して、メラニン色素の含有量が少なくなると、メラニン色素は非常に小さな粒となる。この状態ではレイリー散乱が生じる。レイリー散乱の強度は波長の逆数の4乗に比例するから、波長が短い青い光の散乱光が支配的になる。空が青いのと同じ理屈である。ふむ成る程とすぐに納得してしまいそうだが、そういうわけにはいかない。たしかにメラニン色素は身体の他の組織より高い屈折率（1・7くらい）だから、散乱が強そうだということは、理屈上はわかる。でも、あの分厚い大空で起きている青の発色がほんの薄い膜で起きているなんて感覚的には実感がわかないのだ。しかも、メラニン色素本体は吸収体だし。おそらく、メラニン色素の分子の分布密度が小さいから吸収の影響が少なく、散乱光が優勢になるということなのだろうとは思うけど。

メラニン色素は瞳だけではなく、肌や髪の毛にも含まれていて、その量によって肌の色が褐色だったり白くなったり髪の毛の色が黒かったり白髪だったりする。でも、青い肌や青い髪の毛は見た事がない。（人工的な青い髪の毛はあるが）。メラニン色素が少なくなって青いレイリー散乱が優勢となるならば、たとえば黒髪が白髪になる前のひとときに青髪の時代があっても良いのではないか、などと、いちゃもんをつけたくなってしまうのだ。まあ、自分の知識が無いというだけの事なのだけれども、青い瞳を巡る謎はつのるばかりなのである。

カメラ遍歴

僕が初めて手にしたカメラは父が持っていたパールⅣというフイルムカメラだ。カメラボディ上部のボタンを押すと蓋がパカリと開いて蛇腹胴のレンズが飛び出し、カメラとして機能する仕組みだ。一眼レフにはかなわないものの、上等なレンズとブローニ判という少し大きめのサイズの写真フイルムによって、なかなかの絵が撮れる秀逸なカメラで、僕が小学校を卒業する頃まで我が家の多くの思い出を写しとってきた。このカメラ以降、父から僕にいたるまで何台のカメラを所有してきたのだろうかと数えてみたら、その数は14台だった。これに加えて友人からもらった古いフイルムカメラが2台。小学校の頃に「学研の科学」の付録でついてきたピンホールカメラ。さらに使い捨てカメラや携帯電話やタブレットまで入れると相当な数のカメラを所有してきたことになる。その間、フイルムは手巻きから自動巻になり、ピント合わせも手動から自動になり、デジタルカメラがフイルムカメラに取って代わり、いまでは携帯電話にもカメラが入っているという、僕が子供の頃には想像もつかなかった変貌を遂げてきたのだ。

カメラの原型はカメラ・オプスキュラという、暗い部屋の外側の壁に小さな穴をあけると穴とは反対側の壁に景色が写し出されるというものだったらしい。ピンホールカメラもこの原理に基づくものだ。その後、レンズや鏡を用いて小型化され、さらにはロールの銀塩フイルムが出現したことでカメラは爆発的に普及してきた。ただ、ピンホールからレンズに変わっても、被写体の像を記録媒体上に結像し、それを記録するという原理は変わっていない。このことはデジタルがフイルムをほぼ駆逐してしまった現在でも同じ事だ。だからカメラにおいては、レンズが被写体をどれだけ忠実に結像するかということが今でも重要な性能なのである。そういう意味ではカメラというものは随分と保守的な技術という気がしないわけでもない。レンズ+撮像系という形体はこの先も変わる事は無いのではないかと思ってしまうのである。

　ところが最近、少し状況が変わってきた。レンズを用いないカメラが現れたのである。それは、ＱＲコードのような2次元パターンのマスクを通した光の回折パターンを撮像素子で写し、そのパターンをデータ処理することによって、もとの被写体の像を再生するというものである（参照：http://arxiv.org/pdf/1509.00116v2.pdf）。考えてみれば、フイルムカメラの時にはカメラ内で画像処理ができないので、被写体の像そのものをフイルムに記録する必要があった。だから、結像レンズ系が必要だったのだ。しかしデジタルの世界では、途中の光学系の関数と、それによって撮像面に写し出されるパターンの関係がわかっていれば、後から計算処理をすることで元の被写体の像を予測する事が可能なのである。だから、撮像面に写るパターンは被写体の像そのものである必要は無い。論文や関連の文献によると、この技術を用いれば紙のように薄いぺらぺらの構造のカメラができるようになるらしい。もちろん、現在のところは計算時間がやたらと長かったり、欠落する情報が多いために再現性が悪いという欠点をもっているけれども、そんなことは近い未来に解決されてしまうかもしれない。デジタルカメラの出現によって写真フイルムが駆逐された事件は実はデジタル化の序の口であって、これからとてつもない世界が始まるかもしれないという予感を感じてしまうのである。

　それにしても、日本語の「写真」。真を写すから写真なのだろうけれども、さすがにレンズレスデジタルカメラの場合は真の像が記録されていないのだから写真といって良いのかどうか…。そのうち、「写真」と言ったら「いつの時代の方ですか？」と聞かれてしまう時代が来るのではないかと、少しびくびくしているのだ。

消える魔球もいつの日か

かつて、テレビで「スポ根（スポーツ根性）もの」と呼ばれる番組が流行っていた時代があった。「スポ根もの」とは、主人公が打ち込むスポーツの道で信じ難いほどの根性で数々の試練を乗り越えていくというお決まりのストーリーの番組の総称だ。種目はバレーボール、柔道、体操、テニス、野球など様々だ。彼らは鬼コーチのもとで科学的とは言えない猛特訓を重ね、宿命のライバルと戦っていくのだが、その過程において極めてオリジナリティの高い必殺技が編み出されるのが常だった。たとえば、「柔道一直線」という番組の「2段投げ」とか、「サインはV」というバレーボールスポ根ものの「魔のX攻撃」など、当時を知る人が集まれば話題が尽きることは無いだろう。

必殺技の代表格といえば、野球根性もの「巨人の星」の主人公である星飛雄馬が編み出した「消える魔球」（正式名は大リーグボール2号）である。それは、球がバッターの目の前で忽然と消え、ホームベース上で再び現れてストライクゾーンを通ってキャッチャーミットに収まるという、とてつもない魔球である。投球した球が地面すれすれを通ることで土煙を巻き上げ、それに球自体が隠れるという仕組みだが、これだけでは球は完全には消えない。飛雄馬がこの魔球を投げる時には足を高く蹴り上げて土埃を飛ばし、その中にボールをくぐらせて投球する。これによって球の縫い目に土埃が擦り込まれ、その後、手から離れた球は土埃の膜を纏いながらバッターに向かっていく。このことと地面からの土煙との相乗効果によって球が完全に消えるのだというのが物語の中で説明されていた理屈である。投げた球が地面の土埃を巻き起こしたり、投球の一瞬に空中の土埃を球に擦り込んだりするなんて到底人間業ではないのだが、当時の子供達はこの消える魔球におおいに興奮したもので、エポック社の野球盤というボードゲームにも「消える魔球ボタン」が搭載されたほどだった。

さて、「消える魔球」が日本のテレビに登場したのは何十年も前のことだが、最近では物体を見えなくしてしまう「クローキング」という技術の研究が世界中で流行っている。いくつかの方法が提案されていて、たとえば物体の周りに散乱微粒子を纏わせて散乱光の中に物体を隠してしまうものや、鏡やレンズの組み合わせで物体の周りを光が迂回して通り過ぎるものなど、どれも実験的にはそれなりに効果がある。しかし、なかでもとりわけ注目されているのが光の波長よりも小さな構造によって自然界にあり得ない特性を人工的に創りだす「光メタマテリアル」で光を物体の周りで迂回させてしまう「透明マント」だ。単一波長でしか機能しないとか、光の吸収ロスが大きすぎる、などの問題があって現状は実現が難しいのだけれども、この提案のおかげで「メタマテリアル」という技術が一気に有名になって巨大な研究分野になってしまったから、そういう意味では透明マントの功績は結構大きいのだ。

さて、少なくとも僕の平凡な頭脳で考える限りは、今後もメタマテリアルによる実用的透明マントの実現は難しいように感じる。でも、もしかしたら何時の日か何処かの大天才が大発明をしてしまうかもしれない。たとえば、現在の透明マントは基板の上にナノメートルスケールの複雑な金属パターンを形成したものだけれども、金属パターンが粉で、それをまぶすだけで物体が消えてしまう、なんていうものができたらどうだろう。そんな時代がきたら、粉を球にごしごしとまぶすだけで消える魔球が実現されるかもしれないのだ。もちろん、それはスポーツとして公平さを欠くことなので不正行為として禁止されるだろう。しかし、中にはロージンバッグや帽子のつばの裏などに粉を忍ばせておいて、それをこっそりと球にまぶして消してしまうピッチャーだって現れるかもしれない。光に携わる者としては、実はそんな光景を見てみたいものだと思ってみたりするのだ。

光は旅はどんな旅?

僕が住んでいる街は東京都心を起点とする某有名私鉄沿線ではあるけれども、かなり外れのほう、はっきり言って田舎である。夜は明かりが少ないから、星がそれなりによく見える。帰宅時に駅を降りて家まで向かう途中には、星空を見上げて歩くのが楽しみの一つだ。季節によって空に散らばる星の様相は変わるけれども、当たり前のことだけれども北極星はいつでも北の空に輝いている。

北極星というのはこぐま座α星、ポラリスのことだ。地球からの距離は432光年±6・4光年。254万光年彼方のアンドロメダ星雲などに比べればずいぶん近いようにも感じるが、432年だって立派に遠い距離だ。ちなみに以前は北極星までの距離は800光年ということになっていた。それが432光年に修正されたのは1985年だから、そんなに昔のことではない。こんなに重要な星でさえそうなのだから、宇宙というのは今だにわからないことだらけなのだ。それはさておき、今(2016年時点)から432年前というのは安土桃山時代。ちょうど豊臣秀吉が関白になった頃だろうか。そんな昔に生まれた光が、今、僕たちの目に届くというのは考えてみればものすごいことだ。

それにしても北極星から出た光は僕たちの目に届くまでの432年間、何をしてきたのだろう。人間ならば7~8世代分もの時間をかけて宇宙空間を旅してきているのだ。僕たちには近づけない宇宙の神秘をいくつもその目で見てきたのだろうか。途中、命を賭した大冒険があっただろうか。数々の出会い、恋、そして別れを経験してきたのだろうか。ついには味のある大人になって僕たちのところまでたどり着いたのだろうか。僕の想像力はそうやって北極星の光を長旅の物語の主人公にしてしまうのだ。

実際には光は人間ではない。だからワクワクする大冒険や身を焦がすような恋などするわけはない。北極星は恒星だから、そこから発せられる光は核融合によって生まれたものである。恒星内部の核融合でガンマ線が発生し、それが内部で何度も散乱されてX線となる。そのX線が恒星の表面近くでガスに吸収され、可視光として放出される。太陽の場合、内部の核融合によって発生したガンマ線が可視光に変換されて放出されるまでに100万年ほどかかるらしいから、太陽よりもずっと大きなサイズの北極星の場合、もっと長い時間が費やされているはずだ。北極星の光にとって波乱万丈の旅の時代だ。ここまでのプロセスを終え、一旦恒星の外に飛び出してしまった光は光速で宇宙空間を飛んでいく。アインシュタインの特殊相対性理論によれば、地上に静止している物から見て、ある速度で移動している物の時間の経過はゆっくりになる。速度が速いほどその差は顕著となり、光の速度で移動する物の時間は全く経過しないことになる。すなわち、僕たちから見れば432年の間、北極星から出た光は1秒たりとも、いやいや、想像できないほどの短い時間すら感じることなく宇宙空間を飛び続け、そして僕たちの目の中で消滅して電子の動きに変換されるという運命を辿っているのだ。そういう意味では、北極星の光というのは僕たちにとっては432年前の時間の雫と言っても良いだろう。

さて、北極星だけではなく、目の前のパソコンの光、部屋の明かり、青空や夕焼け、そして月から遠く254万光年のアンドロメダなどの可視の星々、さらには150億年前の光の残骸である背景マイクロ放射に至るまで、僕たちは様々な時間の雫の中で暮らしていることになる。光を見るということは、そういう様々な過去の時間が僕たちの目という一つの場で出会って一体となることである。なんとも不思議ではないか。そんな不思議に想いを馳せながら琥珀色の酒精のグラスを傾ければ、それはそれは贅沢な気分に浸ることができるのだ。

写真の魔力

志望していた大学の受験に落ち、僕の浪人が決定したその日の夕方、親戚の叔母さんから一本の電話がかかってきた。それは事もあろうに大学合格のお祝いの言葉だった。新聞の夕刊に掲載された合格発表風景の写真に僕が写っているというのだ。確かに発表会場にいた僕は自分が不合格だったことを悟られるのが悔しくて、無理してニコニコしていたのだ。叔母さんは新聞の写真の中にその笑顔をみつけて、僕が合格したのだと勘違いしたらしい。今となれば笑い話だけれども、そのときの僕は、さらに虚しい気分に陥ったのだった。

それにしても、僕についてのことなど何の説明もない、ただ1枚の低画質な静止画から、叔母さんはどういうプロセスで僕が合格したと勘違いするに至ったのだろう。新聞というのは印刷物だ。印刷で写真を表現するためには網点という小さな点の集合体が用いられる。単位面積当たりの点の数が決まっていて、それぞれの点の面積を変えることで平均的な黒の濃度を調整して写真を表現する仕組みだ。網点パターンからの反射光は目のレンズによって網膜上に結像され、視細胞によって電気信号に変換されて神経の束に送り込まれる。そして、視覚野や海馬や記憶領域など、脳のさまざまな部分を経由する情報処理によって、網膜に投影された画像の特徴が抽出され、画像が何であるかが認識される。さらに、今度は海馬からの指令によって大脳皮質に蓄えられたさまざまな記憶のデータを総動員して、写っている人間が誰でどういう状況にあるか、などという写真には無い情報について考え始める。叔母さんの場合は、大勢の受験生が写っている新聞の写真の中から僕の顔を認識し、「おやまあ、あの子だ」「笑っているということはきっと合格しにちがいない」「まずはお祝いの言葉をかけてあげなくちゃ」などと思考を展開していったのだろう。それだけではなく、幼い頃に僕が叔母さんの家で駆け回っていたずらをしていた頃のことなど、写真とは関係の無い多くのことを連想していた違いない。そしてその連想の連鎖によって、ついには勘違いに至ったのである。

叔母さんの勘違いの例に限らず、写真を見るときには僕たちの脳の中では写真そのものとはかけ離れたおびただしい情報が行き交うのだ。たとえば、学生時代に大学のキャンパスで友人たちと撮った1枚の写真を見るとき、頭の中では誰かの部屋に集まって飲み明かしたこととか、部活で切磋琢磨したこととか、写真とは異なるシーンを思い浮かべ、そして若き日の郷愁に浸るだろう。あるいは、幼かった頃の我が子の写真を見るとき、頭の中はもはや写真から離れて、家族旅行や一緒に遊んだことなど多くの思い出が溢れて、ついほろりとしてしまう。電車の中のビールの広告に若い女優の顔が印刷されていれば、それは単なる顔の写真の印刷物でしか無いのに、僕たちは想像力をフル稼働して、その女優本人が僕たちにビールをすすめる状況を思い浮かべるだろう。そして、広告会社の策略ににまんまと嵌って、ビールを買って帰ることになるのだ。写真というのは、ただの静止画でしかないはずなのにに僕たちを一瞬で想像や妄想の世界に引きずり込んでしまう魔物なのである。

もしも僕たちがスタートレックのミスター・スポックのように冷徹な分析ができるならば、写真の魔力に惑わされることも無いだろう。例えばビールの吊り広告を見たとしても「写っているのは人間で、〇〇という女優だ。手に持っているものはビールである。これはビールの宣伝のために作られた広告の情報を表示する単なる印刷物だ。論理的に、女優の写真はビールとは関係ない」なんていう冷静な判断のもと、決して無駄にビールを買ってしまうこともないだろう。だからと言って僕はスポックになりたいとは思わない。写真の魔力に惑わされて、必要もないのに懐かしんだり、勘違いしたり、ビールをついつい買ってしまうことって実は結構楽しいことなのだ。

ピカ？・それともピカピカ？

今の家に引っ越しをした時に、まだ小学生だった娘から、転校との交換条件として犬をねだられた。その時に仔犬としてやってきた柴犬は、娘が大学進学のために家を出て行ってしまった今でも我が家の一員として暮らしている。犬を飼いたいと言った張本人は何もしなかったから、結局、最初から妻と僕とで犬の面倒を見る羽目に陥った。出勤前の朝の散歩は結構辛い。とはいっても、「早起きは三文の得」とはよく言ったもので、季節によっては朝日に染まる富士山などの神聖な景色を眺めることができるし、夏であれば、草や蜘蛛の巣を飾る水滴が太陽の光をキラキラと反射する光景を見る楽しみを味わうことができる。一見、どれも同じに見える水滴の光も、あるものは太陽光と同じ白色であり、またあるものは赤味や青味がかった色をしていて、見る角度によってその色が変化する。それらの光が自分の歩みや風に合わせてキラキラと点滅する光景はなんとも絢爛である。

よく観察してみれば、色が付いている水滴は太陽を背にした時に見える特定の角度のものだけに限られていることがわかる。水滴の光に色がつくのは虹の原理によるものだ。光が空気から水滴に入る時に、決まった屈折角で入射し、対向する水と空気の界面で全反射し、そして、その光が、また別の面で決まった屈折角で空気に飛び出していく。2回屈折1全反射によって、太陽光の光軸と水滴から外へ出て行く光との間の角度は、例えば波長650nmの赤い光では42・25度、波長550nmの緑の光では41・64度、波長450nmの青い光では40・91度となる。これは、水の屈折率が色（光の波長）によって異なるために生じる効果だ。これによって、太陽光の位置によって、その角度に対応した色が見えることになる。それ以外の角度では屈折の影響を受けない水滴表面からの反射光が強く見えるので、色が分解されずに白色の太陽光がそのまま見えているのだろう。

一つの水滴を見ながら頭を平行移動すると、色つきの水滴の色が変わっていく。色のない白色の水滴は一瞬キラリと光るだけだ。ふむふむ、理屈通り…⁉。いやいや、何かが違う。例えば赤っぽい光の水滴を見ながら頭を動かすと、確かに緑や青に色が変わっていくのだが、そのうちに再び赤い光が現れたりする。白色反射の場合、理屈的には表面反射の角度はある特定の角度に限定されるはずなのに、実際には頭を移動していくとキラリ・キラリと2箇所で光が見える。何度やっても同じ結果だから、何か理屈があるはずだ。

ふと思いついて、左目をつぶって右目だけで白色の水滴の光を観察してみた。すると、頭をずらすにつれて一度だけキラリと光る。次に、光が見えている状態で右目と左目を交換すると光は消える。そして、さっき右目で光が見えていた場所まで左目を移動すると、再びキラリと光る。これで謎は解けた。僕たちはある一点を二つの目で見ている。人間の目の間隔はだいたい60㎜から70㎜。2m先のものを見るときに右目と左目では角度にして2度ほど異なる。例えば水滴表面で反射する光が太陽光と90度の場合、右目が丁度その角度の時には左目は88度である。そして左目が90度の時には右目は92度となる。僕たちは、水滴の反射光を両目で見ていると感じているけれども、実は片目でしか見ていないのだ。おそらく、脳は本能的に、より強い刺激の方を認識するようになっているのだろう。ところで、色つきの水滴を見る場合には、例えば右目では青が見えていて左目では赤が見えているなんていう状況もあるわけで、そんな時にどちらが優先されて認識されるのだろうか。少し難問だけれども、大変興味深い問題である。

こういう楽しみもあるのだから、僕に「早起きは三文の得」をくれた娘に本当は感謝しないといけないのかもしれない。でも、「お前はちっとも犬の面倒を見なかったよな。」などと、ついつい憎まれ口を言ってしまうから、結局は嫌な顔をされてしまうのがオチなのである。

レイリーとミーの間

光に関わる話の中で、「空が青くて雲が白い理由」話はおそらくＴＯＰ３にランクされる人気のアイテムだろう。「空が青いのは空気の分子によるレイリー散乱によるものである。レイリー散乱の強度は波長が短い青い光ほど強いから空は青いのだ。一方、雲が白いのは雲の水滴によるミー散乱によるものである。ミー散乱の強度はどの色に対しても同じくらいなので、雲は白く見えるのである。」なんていう話を専門家ではない人たちにすれば、「へー、そうだったんだ。あの空の色が実は散乱現象によるものなんだ。なんだかよくわからないけど、科学ってすごいんだなあ。」などと妙に感心されるのである。

ところで、レイリー散乱とミー散乱。光の波長よりも十分に小さな微粒子からの散乱がレイリー散乱で、波長と同程度以上のサイズの微粒子からの散乱がミー散乱と定義されている。レイリー散乱の「光の波長よりも十分に小さい」というのは波長の１／10以下であるということになっているのだけど、それでは、波長の１／10から波長程度のサイズ、例えば波長の７／10とか３／10などの「光の波長と比べて十分ではないけれども小さい物体」からの散乱は何散乱というのだろうか。周りに聞いてみても首をかしげられるばかりだから、どうもその領域はいまだに名無しのようである。

レイリー散乱は、レイリー卿として知られる物理学者ジョン・ウィリアム・ストラッドによって１８７１年に定式化された散乱である。人類の文明発生以来、長きにわたって繰り広げられてきた「なぜ空が青いのか」論争に決着をつけたから、その価値は多大なのである。でも、レイリー散乱の式は、大きな物体からの光散乱を表すことができない。大きなサイズの物体からの散乱は、それを構成する微粒子によるレイリー散乱の集合体とみなすことができる。複数の微粒子によるレイリー散乱光はお互いに複雑に干渉し合うため、それをシンプルな数式で表すことは甚だ手間がかかることなのだ。コンピュータによる力ずくの数値計算が存在しなかった時代には、そのような状態を数学的な解析解によって求めるしかなく、当時の物理学者たちはそれを得るために大変な労力を払っていたのである。ドイツの天才物理学者グスタフ・ミーは、1908年に、レイリーの式では記述不可能だった大きな球による光散乱の式を導きだした。この式は、レイリー散乱の領域から、波長よりも大きなサイズまで、非常に広い領域の散乱を記述できる画期的な式である。それなのに、それによって明らかになった光散乱のうち、なぜか光の波長と同程度以上のサイズの物体からの散乱にだけミー散乱という名前が付けられた。その結果、すでにレイリー散乱と立派な名前が付けられていた波長の1／10以下の領域と、新たにミー散乱と名付けられた波長以上の領域との間には、名のない可哀想な領域ができてしまったのである。波長の4乗に反比例して散乱強度が変化するレイリー散乱や、粒子のサイズが大きいほど散乱強度が強いというミー散乱のような明確な法則性を持つ領域に対して、この領域は法則性が得られない面倒な領域だったために、ないがしろにされたのにちがいない。

ナノテクノロジーが発展し、近接場光学も一般的になった現代では、実はこの領域は非常に重要なのだ。だからというわけではないが、そろそろこの領域にも何か良い名前をつけてあげても良いのではないだろうか。そうはいっても、法則性の見えない領域に対して偉大な物理学者の名前を冠した名をつけることは少しはばかられることだろう。それならば一層のこと、どうでも良い無名な人の名前を冠してみてはどうだろう。例えば誰かが「光の波長と比べて十分ではないけれども小さい物体からの、どうでも良い領域からの散乱をｍａｓａ散乱と名付けよう」と言ったとしても、僕にとってそれはちっとも失礼なことではありません。

灯台に愛を

僕がまだ小学校の低学年の頃のことだ。練馬にあった社宅に住む同学年の子が、東大病院で心臓の手術を受けることになった。幸い、手術は無事成功し、社宅の子供たちで彼のお見舞いに行くことになった。まだ幼く無知だった僕は「トーダイ病院」というのは「灯台病院」だと勝手に思い込んでいた。僕の頭の中では、どこかの海辺の風光明媚な断崖の上に聳えたつ灯台のたもとに建つ瀟洒な病院というイメージが出来上がっていた。お見舞いなのに不謹慎だけれども、僕は灯台が見られるのだと心躍らせていた。誰かの母親の引率で僕たちは病院に向かった。しかし、電車と地下鉄を乗り継いで行った先は街の中で、灯台などどこにも見えない。僕が「トーダイってどこにあるの?」と聞いたら、引率のおばさんが「ここがトーダイだよ」と答え、それに対して僕が「灯台なんてないじゃない」というと、おばさんが「だからここが東大」。というやりとりをぼんやりと覚えている。結局、会話は平行線をたどり、僕は灯台はきっと見えないところにあるのだと、ずいぶんがっかりしたのだった。

灯台というものは人類の歴史の中では紀元前からあったらしい。大昔は、灯台の光源は火だった。そもそもそれほど明るくない上に、火の光は四方八方に飛び散るから、灯台までの距離の2乗に反比例して光の強度が小さくなる。そんな弱々しい光を頼りにして海の難所を通り抜けるのはずいぶんと心細いことだったことだろう。やがてアセチレンガスを燃やし強力な光を発するガス灯が発明され、凹面反射鏡と組み合わせて光をできるだけ平行に遠くまで飛ばす技術が発明されたが、鏡の反射率が低く、灯台はまだまだ心もとないものだった。これを解決する方法として、光をレンズで集めて遠くまで飛ばすことが考えられていたが、灯台の光を飛ばすためには巨大なレンズが必要で、重くて使えないとか、レンズが厚すぎて結局は吸収の影響が避けられないという理由で、なかなか実用化に至らなかったのである。これを解決し、現在の灯台の光学系を開発したのは、19世紀の光学の巨人の一人、ジャン・オーギュスタン・フレネルである。彼はもちろん、光の波動説、光の反射や透過を表すフレネルの式、そしてフレネル回折などで有名だが、技術者としても一流だった。レンズの特性を保ったままレンズ厚を薄くするために、ノコギリの刃のような断面でレンズの効果を持つように設計されたフレネルレンズを発明した。フレネルはこのフレネルレンズと反射プリズムを組み合わせた巨大な光学系で、強力な光を遥か遠くまで飛ばすことを実現した。これによって灯台は一気に明るくなり、船の航行が安全に行われるようになったのだ。フレネルは光学に貢献しただけではなく、海上交通の仕組みまで大きく変えたイノベーターでもあったのだ。

灯台といえば、「灯台元暗し」という言葉の意味を、僕は結構長い間まちがって解釈していた。本来の意味は、遠くを照らす灯台も足元は暗い、という意味だが、僕は、灯台の職員である灯台守が引退した後、灯台での暮らしを懐かしんで自分のことを「灯台元暮らし」と言うのだとばかり思っていた。ちょうど、テレビで灯台守の人生を描いた「喜びも悲しみも幾年月」というドラマをやっていて、そのことが頭にあったせいかもしれない。灯台に元暮らしていた灯台守は、人里に帰って来て果たして幸せなのかな、などという余計なお世話的なことまで想いをめぐらしていたが、もちろん全くの勘違いである。さて、最近の灯台は自動化が進み、日本では現在、すべての灯台が無人となっているらしい。灯台守という言葉も今や過去のものとなってしまった。さらにはGPSの進歩によって、灯台そのものが消えつつあるらしい。いずれ、灯台にまつわる僕の勘違いの話をしても「トーダイって何？」と言われてしまう時代が来るのだろうか。そんな時代が来ることを知ってか知らぬか、ひたすら光を放つ灯台。そんな灯台に、僕は「いつまでも頑張ってね」と声をかけてあげたくなるのだ。

ヴィーナスのベルト?

12月に入ってから学会の研究会で沖縄の那覇に行ってきた。ほぼ弾丸スケジュールで、観光といえば修学旅行生だらけの首里城を見に行っただけだ。参加者のほとんどが大学の先生だから、こういうのが師走っていうのかな、仕方がないな、などと妙に納得してしまった。それでも、夜に飛び込みで入った居酒屋では、美味しい郷土料理と沖縄民謡のライブで見知らぬお客さんたちと大いに盛り上がったから、実は沖縄が大好きになってしまったのである。窓側を確保した帰りの飛行機からは、たっぷりと夕暮れショーを楽しむことができた。すでに赤くなりかけた太陽が雲海の襞を際立たせる景色は荘厳という言葉そのものである。飛行機が少しだけ旋回し、太陽とは反対側の空が見えてくる。上空はまだ明るい青で、それと対照的に地表付近の空はくっきりと青黒く帯状に暮れている。そして、その明と暗の境界には薄赤い帯が伸びている。地表付近の暗い帯は大気に映る地球の影で、その名も「地球影」である。そして、そのすぐ上の薄赤い帯は「ヴィーナスベルト」と呼ばれている。これは、地上には届かぬ夕日が大気で散乱されるために起こる現象である。長く大気を通り抜けてレイリー散乱で青や緑の光が抜け、最後に残った赤い光だけが大気の分子で散乱されるという、夕焼けの原理そのものだ。地球影もヴィーナスベルトも何やら大層な現象っぽいが、実際には毎日起きている現象だ。晴れた日の夜明けや夕暮れ時に太陽とは逆の方向を眺めれば必ず見ることができる。普段はあまり意識しないけれども、大気に映る地球の影が見られるなんてずいぶんと豪勢な気分である。

ところで、沖縄から帰る飛行機から見た地球影とヴィーナスベルトが、普段地上から眺めるよりもくっきりと見えたのだが、その理由がどうも気になって仕方がない。おそらく、これは人間の感覚によるものだと僕は睨んでいる。まず、地上から眺める時のことを考える。地球影が見える時刻には、その場所は地球の影に入り込んでいることだろう。太陽光が当たっている時と比べれば、すでにかなり暗くなっているはずだ。人間の目はその暗さに慣れてしまうので、感覚的にはまだ明るく感じ、そして、その明るさが目の感度の最も高い明るさとなっている。ヴィーナスベルトや、その上の青空は地上よりも明るいが、フェヒナーの法則によって、その感覚的な明るさは物理的な明るさの対数に比例する。地球の影の部分に対して影ではない部分の明るさは実際の明るさほどは差がなく感じ、とりわけヴィーナスベルトと青空とでは、色は異なるけれども明るさの差はほとんど感じなくなる。一方で、空の上から地球影を眺めているときには、観測者はまだ明るい領域にいる。目の感度もその状況で最大になっている。だから、青空とヴィーナスベルトの明るさの差もはっきりとわかる。そして、明るい光に慣れている目で眺めれば、影になっている部分はほとんど暗闇のように見えるはずである。これらのことから、飛行機から見たヴィーナスベルトや地球影が地上から眺めるときよりもくっきりと見えたような気がしたのは、ただの勘違いではないと僕は信じているのだが、本当はどうなのだろう。

ところで、僕はヴィーナスベルトというのはヴィーナスが体に巻いている帯のことかと思っていた。でも、ウフィツィ美術館で見た「ヴィーナスの誕生」や、それ以外にも沢山ある絵画に描かれているヴィーナスは大抵は全裸であり、せいぜい申し訳程度に足元に布をかけているくらいだ。ヴィーナスはベルトなど身につけていないのである。ヴィーナスというのは美と愛の神様だから、ヴィーナスベルトというのは、「美しく魅力的な帯」というくらいが正しい語源かもしれない。それでもって、今では夕方の犬の散歩で見上げる桃色のヴィーナスベルトが、僕には艶ましく横たわるヴィーナスに見えてしまって、それはそれでかなり魅力的なのである。

薄明光線って言えますか？

夕方になって西から急に暗い雲がのしかかってきた。随分と不吉な空模様だと思っていたが、不意に西側の雲の隙間から太陽の光が突き差してきて、モノトーンになっていた景色の中に高速道路だけをカラーで際立たせる。年のうちに何度も見ない不思議な景色だ。ちょうど仕事が終わる時間で、外に出てみたら雪雲がかかった西の山間から空を左方向に向かってオレンジ色の光線が一筋伸びている。これも珍しい景色なので、いつも持ち歩いているコンパクトデジカメで写真を撮っていたら、会社の文系の知り合いが近づいてきて、「あの光って何ですか？」と聞いてきた。僕は「あれは薄明光線（ハクメイコウセン）と言って…」とスマートに答えたいところだったのだが、〝薄明光線〟という言葉が出てこない。結局、「あれは雲間から空に差し込む光線ですねえ」と、見えているそのままの説明をしたものだから、彼は、（ふーん、光の専門家なんて言っているけど大したことないな）という顔だ。僕は若い頃から肝心な時に肝心な言葉をど忘れしてしまって、それを後から思い出してくよくよしてしまうのだけど、この時も、人に向かって初めて薄明光線という言葉を使えるチャンスだったのに…、と、なんだか残念な気持ちを引きずっていたのだった。

薄明光線とは、雲や山の切れ間から差し込む太陽光線が空気中のチリや水蒸気などに散乱されるためにその光路が観察できるという現象である。僕たちが会社帰りに見た一筋の光は、山並の向こうに沈んでしまった太陽から雲間を通り抜けてきた光が地上には届かずに空中に伸びていたために見えていたものである。それにしても〝薄明光線〟とは大仰な名前だ。山影から巨人がヌッと現れて、こちらに光線を放ってくるようなシーンを想像してしまう。だけれども、薄明という言葉があるので、光線を浴びて多少目は眩むけれども、何の被害も受けることはないという、少しゆるい光線のイメージである。薄明光線という言葉はあまり使わないが、実際には光芒という言葉で多くの人たちが知っている魅力的な光景だ。光芒の場合、薄明光線が地上、あるいは遠く地平からこちら側の空にやってくるので、遠近の錯覚で扇形の、まるで芒のような形状として感じてしまう。これに対して。会社の帰りに見たあの一筋の光は、地上に落ちることなく、遠くの空を横に伸びていくものだったから、遠近の錯覚効果も少なく、直線的な光線に見えたのだ。しかも、そんな光はなかなか出現するものでもないため、僕たちはそれを見慣れぬ不思議な光と感じてしまったのである。

ところで、薄明光線と合わせて、反薄明光線という光もある。雲や山に遮られて光線状になった太陽光が、頭の上を通り越して太陽とは反対側の地平に向かって収束していくように見える光である。僕はこの光を1度だけ見たことがある。夕暮れ時というのに、東の空の一点に向かって幾筋かの光が収束している。光源はどこにあるのだろうと探してみたが、雲間に沈む太陽からの光以外には光源が見当たらない。結局、西に沈む太陽光線が反対側の東の地平に光の筋を作っていることに気付いたのだが、そんな光は普段はほぼ見かけないから、その時にはなんだか不思議な光景を見て得をした気分だった。

さて、光線が次に空に現れて、そして誰かにあれは何かと聞かれたら、今度こそは「あれは薄明光線と言って…」と、よどみなく説明しようと胸に秘めているのである。しかし、そもそも、よく見る光芒とは違う見え方の薄明光線に出会うことは稀である。たとえそれが出現したとしても、誰かがあれは何かと聞いてくるかどうかわからない。大体、いいカッコしようと、僕は今からその時のことを考えて力んでいるので、おそらくそんなチャンスが幸運にも巡ってきたとして、やっぱり薄明光線という言葉が咄嗟には出てこなくなってしまうだろうというのが、僕自身の予測である。

空の上のブロッケン

飛行機に乗るときに座席をどこに確保するか、ということは旅の快適性を左右する重大な問題だ。景色の見える窓側か、トイレなどに立ちやすく片側が解放されている通路側か、はたまた少しでもエンジン音が少ない翼の前方席を何が何でも確保するか。僕の場合、飛行時間が短い国内線であれば絶対に景色優先で窓側だ。どちら側の窓からどんな景色が見えるのか、事前に調査してから座席予約をすることにしている。以前には、なるべく早く空港に到着してカウンターで早い者勝ちで良い席を確保していたけれども、今ではインターネットで事前に座席指定が可能なので、競争は随分早くから始まる。先日、出張で札幌に行った際には、予約が搭乗間近の日程だったこともあって、ネットから座席指定を入れたときには僕が好きな山並みを眺めることができる進行方向左手の窓側席はすべて満席だった。仕方がないので、主に海側の景色が広がる右手窓側席を予約したのである。

さて、せっかく窓側席を確保したとしても、いつも景色が眺められるわけではない。その日も北海道に近づくにつれて雲が厚くなり、下界の景色は全く見えなくなってしまった。着陸に向かって飛行機がその高度を下げていった時、僕は窓から見える雲海に自分が乗っている飛行機の影が映っていることに気がついた。よく見れば、その影を丸い光の輪が囲っている。ブロッケン現象だ。光の輪は内側が青っぽく外側が赤い虹のような様相だ。その光の輪をさらに囲むように第二の光の輪も見える。そんな景色に気づいていない周りの乗客に「ブロッケン出てますよ」と教えてあげたい気持ちを抑えつつ、僕は夢中でその景色を眺め続けた。雲の表面はでこぼこしているので、影や光の輪もその形をいびつに変えたり消えたりしながらも、飛行機の高度が下がるにつれて近づいてくる。そしてついには飛行機は雲海に突入し、ブロッケン現象の景色も消え去った。

ブロッケン現象は、光の波長に近い小さなサイズの水滴によるミー散乱によって生じるものだ。そのような小さな粒に光が当たると、光が入ってきた側には、決まった角度分布で光が散乱される。その角度分布が色によって異なるので、太陽光のようなほぼ平行な光が水滴の集まりである雲のスクリーンに当たると、太陽を背にした場所からは虹のような光の輪が見えることになる。太陽を背にしているから、光の輪の中心には自分の影が見えるのだ。地上で雨上がりの時などに見かける虹も同じ現象に感じてしまうけれども、虹はもっと大きな雨粒による光の屈折と反射によって生じる現象だから、ミー散乱によって生じるブロッケン現象とは実は異なるものである。

ブロッケン現象は昔から山の頂などで出現し、その名前もドイツのブロッケン山に由来する。山頂でブロッケン現象が出現すると、自分の影が虹に抱かれていて、その様相はときに妖怪とみなされたり、またときには神とみなされたりしてきた。日本でも御来迎とか後光などと呼ばれ、貴重な出会いとして尊ばれてきた。単に虹の輪が見えるだけではこれほど特別視されなかっただろうけれども、自分の影が光の輪の中心に存在するということが神秘性を感じさせる要因になっているのだろう。山頂の景色ほどではないにしても、自分が乗っている飛行機の影が光の輪に囲まれた景色だって充分に神秘的だ。「もしも今、ＵＦＯが襲撃してきたってこの飛行機は全く大丈夫だ」くらいに感じてしまうのだ。

さて、第一希望が取れずに仕方がなく選んだ座席で、期せずしてブロッケン現象が見えてしまったものだから、僕の飛行機の座席決め基準には、「もしかしたらブロッケン見えるかも」という項目が増えてしまった。景色優先とはいえ、優柔不断な僕は座席決めの際にはいろいろなことを考えすぎて散々迷ってしまうのだけれど、これからはますます悩むことになってしまいそうだ。困ったものである。

揺らめく光―デルフトの風景―

ヨハネス・フェルメールという画家が、今やブームというくらいの大人気である。ブームの原動力となる作品といえば「真珠の首飾りの少女」だろう。この絵については、「輪郭線がなく反射光のみで表現された真珠」とか、「みずみずしい唇」とか、「ラピスラズリという宝石を粉にして作ったウルトラマリンという超高級絵の具を惜しげもなく使って描いたターバンの青」などなど、その魅力について多くの詳細な解説がなされている。それはそれで大変興味深い事ではあるけれども、この絵が多くの人たちを魅了した最大の理由は、描かれている少女が実に魅力的、単刀直入に言えば美少女であるということだろう。この絵は「オランダのモナリザ」などとも呼ばれている。しかし、少しオカルト系のモナリザに対して、真珠の首飾りの少女は明らかにアイドル系であり、簡単に比較はできないだろうと僕は思っている。

さて、この絵に限らず、フェルメールの絵は光の描き方が絶妙で、そのため、彼は「光の魔術師」と呼ばれている。フェルメールが生まれ、活動したのはオランダのデルフトという街だ。先日、そのデルフトを訪れる機会があり、街を散策してきた。フェルメールが暮らした古都デルフトの旧市街は、ヨーロッパの多くの旧市街がそうであるように、教会や(旧)市役所が建つ広場を中心に古い街並みが出来上がっている。そんなデルフトの街を歩いて僕が感じたのは水の存在だ。もちろん、パリのセーヌ川だとか、プラハのブルタバ川だとか、サンセバスチャンのビスケー湾だとか、都市と水とは切り離せない存在なのだが、デルフトの水はそんなドカンとした存在ではなく、まるで空気のような存在なのだ。水運の街として栄えたデルフトには、幾筋もの小さな運河が張り巡らされている。運河の両脇、あるいは片側に車1台が通れるくらいの道が寄り添い、いたるところに橋がかかっている。そして、道を挟んで運河を眺めるように石造りの家が隙間なく建ち並んでいる。もしも運河がなければ、その街並みは他のヨーロッパの旧市街のように、なんだか薄暗い感じになるのだろうけれども、運河の幅の分、空が程よく広くて明るいのだ。運河の脇には街路樹が植えられていて、木漏れ日がチラチラと揺れている。光がやって来るのは空からだけではない。運河の水面に反射した光は橋の袂や運河の岸面、そして場所によっては家の壁面に明暗の揺らぎを映し出す。こじんまりとしたデルフトの街にはそんな光の揺らめきが至る所に息づいている。おそらく、この街に暮らしたフェルメールもそれらの光を敏感に感じていたに違いない。フェルメールの絵は室内に差し込む光の風景が多いのだけれど、その光の表現を探求する強い思いを生み出したのはデルフトに息づく光の揺らめきだったのではないか。この街を歩いてみて、僕はそんなことを強く感じたのだ。

さて、デルフトといえば我々光屋にとっては忘れてはならない人物がいる。アントニ・ファン・レーウェンフックだ。彼は商人でありながら、自らの手で単レンズ顕微鏡を開発し、微小の世界に人類としていち早く分け入った人物で、「顕微鏡の父」とも呼ばれている。（ちなみに、「顕微鏡の母」と呼ばれる人物はいないようだ）。奇しくも、レーウェンフックはフェルメールと同じ年に生まれ、後には若くして亡くなったフェルメールの財産管理人になったということだから、フェルメールとはゆかりが深かったに違いない。レーウェンフックもまたデルフトの光の揺らめきの中で光に対する興味を触発されたのであろうか。時代こそ異なるものの、僕は彼らが見てきたであろう光の揺らめきに浸ってきた。というわけで、もしかしたら僕も光の世界で何かをなし得る運命にあるのかもしれない。そして、後世の人たちからは「光の息子」などと呼ばれるのも悪くない。いつものことながら、旅の思い出は妄想へとつながっていくのである。

きらり

「きらり」という言葉は妙に人を惹きつけるらしい。実際には、「きらりと光る〇〇」とか、「きらりと輝く〇〇」というような使い方が普通だ。「きらりと光る朝露」だとか、「きらりと光る涙」なんていうフレーズは、ありふれてはいるけれども、その情景が頭に浮かんでくる描写力抜群の言葉である。デジタル大辞泉によれば、きらりは「一瞬、鋭く光を放つさまを表す副詞」とある。そう、きらりであるためには、光を放つのは一瞬で、それも鋭くなければならないのだ。ずっと鋭く光を放ち続けているとしたら、それはもはやきらりではない。太陽がきらりと光っているなんていう言い方はしないし、電灯がきらりと光っているといえば、その時には電灯が壊れていることを疑わなければならないだろう。夜空の星は瞬いてはいるけれども、それは一瞬の光を繰り返し放っているので、きらりではなくキラキラになってしまう。（映画などでは、きらりと一瞬強く光る星が出てくるけれども、実世界で僕はそんな星を見たことはない。）一方、たとえ光を放つのが一瞬であっても、その光が鋭くなければそれは「きらり」ではなく「ぽっと光る」くらいのものである。「きらり」の資格を得ることは実は結構大変なことなのである。

例えば朝露をお手本にきらりの作法を考えてみる。露というのは水の塊である。水は表面張力が強いために、空気中では玉のような塊になる。光源は太陽で、その反射光が露の光である。反射光と言っても、露の最表面からの反射光よりも、一度内部に入り込んで、露の内部で全反射をして、再び外に出てくる光の強度の方が圧倒的に強い。屈折と全反射で生じるこの光は、太陽光の入射角に対して、ある決まった角度に飛び出していく。その光自身は一瞬のものではない。でも、その光を見る人間の方が動いているから、光を感じるのは角度が合った一瞬である。だから僕たち人間は朝露がきらりと光っているように感じているのだ。そんな手の込んだことをしなくても、例えばＬＥＤを一瞬光らせたとすれば、それはきらりになるのだろうか。少なくとも、僕にとってそれは「ピカリ」であって、きらりではない。そういえば、稲妻がきらりと光るなどとは言わない。あれもピカリである。おそらく、きらりとなるためには自ら光を発するのではなく、どこからかやってくる光を一瞬だけ鋭く反射するというキレと奥ゆかしさが必要なのである。そうやって考えれば、きらりと光るものは、宝石や、振り下ろした刀、涙などなど、反射光を返すもののことを言っているような気がする。

ところで、人間社会でも「きらりと光っている人」とか「きらりと光る感性を持った人」なんていう言葉がある。一見、目立たない普通の人なのに、実はイラストが上手とか、困難な局面になるとセンスの良いアイデアを提案するとか、そんな人たちのことだろうか。ここで、「僕って、実はこれ得意なんだよね」なんていう、自らその才能をひけらかしてしまう人にきらりの資格がないことは言うまでもない。あくまでも奥ゆかしさが重要なのだ。そして、実はもっと重要なことがある。前述の朝露の例のように、光源と反射光の関係は決まっていて、その条件のもとでは必ず再現されることが必要なのだ。人間社会において、たとえ上手なイラストを描けたりセンスの良いアイデアを出せたりしたとしても、それが偶然であってはきらりではない。時が来れば確実に、鋭く、それを成し遂げる才能が必要なのである。このように、人間社会のきらりも、その資格を得ることは大変なことなのだ。

かくして、「きらり」になるためには、一瞬光を放つキレの良さと潔さ、それに加えて決して自己主張しない控えめな態度、そして、その時には絶対に外さない確実さが必要であることが明らかになった。こうしてみると、「きらり」というのはとてつもなく格好良いことであることがわかるだろう。できることならば僕も「きらり」の仲間に入りたいと憧れるのだけれど、それは大層困難な道のりなのである。

サングラス

子供の頃、サングラスをかけている人は悪い人なのだと、かなり強固に信じていた。もしもサングラスをかけたおじさんに「坊や」などと声をかけられたら、一目散に逃げるのだと心に決めていた。（実際そんな場面は無かったが）。それだけではなく、サングラスは普通の人をも悪人に変えてしまう魔力を持っているに違いない、などという妄想すら持っていたのである。小学校の時に東京から札幌に引っ越し、家族で初めてスキー用品を揃えた時に、父はゴーグルではなくサングラスを買った。普段から生真面目だった父がサングラスを初めてかける時には、父親があちら側の世界の人になってしまうのではないかと密かに心を痛めたのであるが、ゲレンデの父が突如、不気味な笑みを見せることもなく、いつものように真面目でかっこいい父親のままだった。この時を境に、僕にとってサングラスは悪のアイテムから格好いいアイテムに変わったのだった。

サングラスの起源については諸説あるが、興味深いのはローマ時代に皇帝ネロが緑色のエメラルドで作ったサングラスをかけて闘技の観戦をしたというものである。目を覆うくらいの大きさで、傷や曇りのないエメラルドを薄く切り出したものということだから、ずいぶんと豪勢な話である。エメラルドの屈折率はだいたい1・57くらいだから、ほんの少し屈折率の高いガラスのようなものだ。きっと、しっかりと磨かれて美しい表面に仕上げられていたに違いないけど、おそらく曲面加工が不可能で平面だったはずだから、周辺の視野は収差の影響で多少歪んでいたのかもしれない。それにしてもネロは何のためにエメラルドのサングラスなんかをかけたのだろうか？日差しが眩しいのを防ぐためだったと言われてはいるが、もしかしたら、エメラルドを通して世界を緑色にすることで、闘技をよりシュールな景色に変えて見ていたのではないか、などとも考えてしまうのだ。暴君ネロはそんな残忍な光景に、ことさら興奮したのかもしれない。ネロのサングラス以外にも、中国ではスモーキークォーツ（微量のアルミニウムを含んだ水晶で、茶から黒みがかった色をしている）で作ったメガネが、自分の視線を相手に悟られないために使われたとか、エスキモーが強い雪からの反射光を軽減するためにスリットの入った革製の日よけゴーグルを使っていたとか、幾つかの例が挙げられるが、現代の形のサングラスが出てきたのは１９３０年くらいのことで、有名なレイバン社が飛行機パイロットのために量産を開始したものらしい。その歴史については多くの解説があって、それはそれでなかなか興味深い。

結構最近まで、サングラスのレンズといえばガラスだった。いつだったか、僕がパリのオルセー美術館でお気に入りのレイバンのサングラスを落としたら、派手な音とともに片方のレンズが粉々に砕けてしまった。周りの人たちの視線を集めながら異国の地でガラスの破片を拾うのはなかなか情けないことだった。今ではサングラスのレンズは軽量プラスチックだから軽くて割れない。これはガラスに匹敵する透明性、均一性、そして強度を持つプラスチック材料やその成形技術の進歩の賜物なのだ。世間の人たちが知らぬ間に起こってしまった、大きな革命と言って良いだろう。

さて、サングラスをかけた人が必ずしも悪い人ではないことは体得したのだけれど、サングラスをかける時には、自分自身が「ちょいワル」になれるのではないかと、ついつい期待してしまう。普段では決してできない、街で見知らぬ女性に声をかけてしまうとか、バーのカウンターで、「あちらの女性に」などと言ってマティーニをプレゼントする、なんていうことができてしまいそうな気になってしまうのだ。でも、そんな時、ふと鏡や窓にサングラスの似合わぬ自分の姿を見つけ、僕が大きな勘違いをしていることに気が付くのである。

日陰？日影？

強い陽射しの中を、眉間にしわを寄せて歩いている。日光を遮るものは全くなく、暑さで頭もぼうっとしてきた。こんな時には、「女神様が現れて快適にしてくれたらいいのに」などと、ありもしないことを願ってしまうのである。さて、そんな時に、もしも奇跡が起きて女神様が現れたとしよう。彼女は両手のそれぞれに「⇧左：日陰」「右：日影⇩」という道標を掲げている。「えーと、どっちに行けば良いのでしょう？」と聞いてみても、彼女は何も言わずに、ただ悪戯っぽい微笑を浮かべるばかりである。さて、どっちに行くべきか。日陰も日影も変わらなそうだから、どっちでも同じかもしれない。いやいや、感覚的には日影の方が日陰よりも爽やそうな気もする。日影というと木漏れ日の清々しさを想像するけれども、日陰というとなんだか薄暗いジメジメした空間を想像してしまう。でも、どちらが涼しそうかといえば、日陰の方が…なんて迷っているうちに、女神様はぷいっと消えてしまい、結局は炎天下を歩き続けることになってしまうのである。こんな羽目に陥らないためにも、陰と影の違いはしっかりと知っておいた方が良いのだ。

さて、そもそも陰と影では何か違いがあるのだろうか。まず、その読みが異なることは言うまでもない。訓読みはどちらも「かげ」だけれども、音読みだと「陰」が「いん」、影が「えい」である。絵画の手法である「陰影法」も「いんえいほう」である。陰影法とは、描きたいものに立体感を持たせるために、物体の光の当たる部分を明るく、光の当たらない部分を暗く描き、さらに、光が遮られた部分の別の表面への投影像を暗く描くという手法である。物体上の光が当たらない暗い部分が陰、別の表面に投影された暗い部分が影というのが定義であるが、光が遮られた部分ということではどちらにも差がなく、なんだかわかったようなわからないような気分だ。そういえば、「陰に託して影を求む」という言葉がある。「物陰に入って自分の影を探す」という言葉であり、その意味するところは「方法を間違えている」ということである。この場合の陰は光が当たらない場所、影は自分の姿を写したものと考えれば、そこに陰と影の違いがありそうだぞと勘づくのだ。

遠廻りをしてしまったが、ここまで来て辞書で「陰」と「影」の意味を調べてみた。デジタル大辞泉によると、「陰」の意味は「①物に遮られて、日光や風雨の当たらない所。②物の後ろや裏など、遮られて見えない所。裏側。③その人のいない所。目の届かない所。④物事の表面にあらわれない部分。裏面。背後。」であり、ほぼ、今まで持っていたイメージの通りである。光だけではなく、風雨も当たらないということで、「寄らば大樹の陰」なるフレーズも納得だ。一方、「影」はどうだろう。「①日・月・星・灯火などの光。②光が反射して水や鏡などの表面に映った、物の形や色。③目に見える物の姿や形。④物が光を遮って、光源と反対側にできる、そのものの黒い像。影法師。投影。」となっている。ふーむ、これは驚きだ。というか、光に携わっている者として、影の本当の意味を今まで知らなかったことは迂闊なことであった。影の本来の意味は光なのである。もちろん、影に「光が遮られた」という意味もあるが、そこには姿形が紐付いていなければならない。また、「影響」などの言葉もある通り、何か力を及ぼすものが影であり、むしろ力を遮る意味を持つ陰とは相対するものなのだ。

さて、いまや僕は「陰と影の違いがわかる者」となった。日陰は「ものの影になって太陽光の当たらないところ」であり、日影は「太陽の光。日射し」の意味なのだ。もしも、炎天下で女神様が道標を持って現れたとしたら、僕は迷わず「日陰」の方を選ぶだろう。灼熱の中、日影を選ぶのは大変な苦行であることを学んだのである。さあ、女神様、僕は迷ったりしないから何時でも出てきなさい、と待ち構えてはいるが、彼女が出現する気配はいっこうにない。そうこうするうちに月日は過ぎ、もはや日陰よりも日影の方がありがたいと感じてしまうくらいに、季節は移り変わっているのである。

いつのまにか積丹ブルー

北海道の形をエンゼルフィッシュに見立てると日本最北端を擁する宗谷半島が背びれ、下に三角形に尖った日高地方が腹びれ、そして函館を含む本州に近い方が尾びれとなる。尾びれの付け根の上側、日本海にコブのように飛び出している部分は積丹半島だ。この半島の海岸の町に僕の母の実家があり、そこでの滞在は、僕が幼い頃の我が家の夏休みの恒例となっていた。当時は国道とは言ってもひどいもので、絶壁の上や下を縫うように作られたくねくね道をやっと通り抜けていくバスの旅が、幼い僕にとっては怖くて仕方がなかった。積丹半島の海岸はだいたい岩浜になっていて、海水浴と言っても磯遊びが主体である。ゴロゴロとした石や岩に足を取られながら、そして、ウニを踏みつけて怪我をしないよう気をつけながらの磯遊びは小さな子供にとって緊張を強いられるものだったけれども、透明度の高い水を透かして見る魚の群れや、昆布がゆらゆらと艶かしく揺れる海底の風景など、今でも目に浮かんでくるのだ。

この積丹半島がいつのまにか「積丹ブルー」という言葉で表現されるほどの青の名所となっている。ネット上でも、断崖の上から見下ろす海の風景が数多く紹介されている。海の色が、岸辺のあたりは緑がかった明るい青で、遠くに向かって深い青に変わるグラデーションを発している。北国の海なのに何だか南国の珊瑚礁の海のようにも見えてしまう。こんな海の色がなぜ出来るのか、いまさらながら気になるところである。

プランクトンが少ない対馬海流に洗われ、流れ込む川も少ないことから透明度が飛び抜けて高い積丹の海の色を作り出しているのは、水そのものだろう。空が青いのは大気中の分子によるレイリー散乱によるものだが、水の場合は吸収の方が支配的になる。無色透明に見える水も、光が10mの距離を透過すると、赤は約90%、紫は60%吸収されてしまう。これに対し、青は約20%、緑は25%程度だから、水を通ってきた光は緑がかった青になる。白っぽい水盆や風呂桶に水を張ると薄っすらと青緑の色がつくのはそのためだ。積丹半島の岸辺の岩石は石灰質の海藻に覆われていて白い、という特徴を持っていて、透明な海水を透過した光がそこで反射されることが、岸周辺の明るい青緑を作り出す原因なのだ。

さて、10m程度の距離ではまだ大部分が透過する青や緑の光も、100mくらいになるとほとんど吸収されてしまう。海底まで光が届かぬうちに光が完全に吸収されてしまうが、多少のレイリー散乱が青みをつけるため、深い海は藍色に見える。積丹ブルーの色が岸から沖へ向かって暗く濃くなっていくグラデーションは、まさにこの効果によるものだろう。浅い場所では海底の白い岩石からの反射が多く、沖に向かって深くなるにつれて、海底からの反射光は無くなり、藍色に変わっていく。これに加え、水の表面の正反射は浅い角度ほど大きくなるので、遠くの海ほど海面による空の反射光の割合が大きくなる。晴天の時の遠くの海の青は、ほぼ空の色といってよいだろう。これらのことが重なることで、鮮やかでかつ複雑な積丹ブルーが出来上がっているのである。

ところで、積丹ブルーを作り出している白い海底は、地球温暖化の産物だという。本来、夏にしか活動しないキタムラサキウニが、海水温の上昇によって冬でも活動するようになってしまい、昆布などの海藻が食べ尽くされ、海底が白い石灰質の海藻で覆われるという「磯焼け」という現象が起きているというのだ。そう言われてみれば、僕の記憶にあるかつての積丹の海は、岸辺であっても、（おそらく昆布の繁茂による）色の濃い部分が今よりも多く混ざり合った、まだら模様だったような気もしてくる。その時の海の方が、今有名になっている積丹ブルーよりも神秘に満ちていたんじゃないかなと思うのは、僕の頭の中で作られた記憶だろうか。

ブルーライトカットと言われても

先日、夜になって家の自室のドアを開けたら、暗い部屋の奥で見慣れぬ二つの青い光が点灯していた。一見、電気製品のパイロットランプのようにも見える。最近ではＬＥＤランプが溢れていて、家でもそこいらじゅう赤や青の光が光っているから、何かあってもおかしくはない。とは言っても、こんなにはっきりとした青い光を放つものに心当たりも無い。少し気味悪さを感じながらその青い光に近づいて薄暗闇で目を凝らしてみたら、それはメガネだった。僕はずいぶん前から近くのものは見ることがしんどいので、老眼鏡を使っている。そのメガネのレンズは、ブルーライトカットという機能が入っていて、それが青い光の正体だったのだ。

ブルーライトカットというのは、その名の通り青い光が目に届かないようにする機能である。僕が使っているメガネのブルーライトカットは、多層薄膜干渉という原理で、波長が３８０㎚から４９０㎚程度の青い光を選択的に反射させることで、レンズを通り抜けて目に届く青い光を少なくするというものだ。多層膜の各界面で光は反射するが、光が波であることを利用すれば、それぞれの界面から反射した光のうち青い光に対してだけ反射が強め合うように設計することができる。この場合、メガネをかけている方から見れば、青い光はカットされていると言えるが、実際には青い光は目の向こう側に反射される光として残っているのである。だから、メガネに光を当てると、まるでメガネが青く光っているような青い反射光が見えるのである。僕が見た青い光は、開けた扉から部屋の中にわずかに射し込んだ光のうち、青い光だけがメガネに強く反射されたものだ。部屋が暗いからメガネ本体は見えず、あたかも青いＬＥＤが光っているように見えたのである。

ひと昔前にはブルーライトカットのメガネがこんなに使われることはなかった。それが今のように多くの人たちが使うようになったのは、パソコンやスマホが日常に入り込んできてからだ。それらのディスプレイから発せられる青い光が、目を痛めたり眠りを妨げたりという悪影響を及ぼすという。そこで、目に届く青い光の量を軽減するために、ブルーライトカットのメガネが流行りだした。実際、かけてみると世界が少し暖かく和らいで見え、目に優しい…ような気がする。一方で全体に黄みがかった視界となり、正確な色の判別ができなくなってしまう。青色成分を差っ引くわけだからそれは原理的に仕方がないことなのだ。また、メガネの脇から入り込んだ光がメガネの内側に青い裏映りを作ってしまうことも気になってしまう。最近では青色吸収型もメガネもあって、青い反射光が気にならないものもあるようだけれども、今のところはブルーライトカットの大半は反射型のようだ。

ところで、このブルーライトカットのメガネに、家庭の照明のＬＥＤ光を当ててみると、反射光は鮮やかな青色となる。大概のＬＥＤ照明は、青色ＬＥＤの光と、それが蛍光体に照射されることによって生じる蛍光の光を混ぜて視覚的に白と感じる色を作り出しているので、白とは言っても実は青色成分が大量に含まれている。だから、その光をブルーライトカットのレンズで反射させると、当然青い光が強く見えるのだ。いや、あな恐ろしやである。さて、比較のために蛍光灯の光を反射させると、あれあれ、これも見事な青い反射光を発するから、ＬＥＤ照明になる前だって十分青色光を浴びてたじゃん、と気がつくのである。まあ、程度の差こそあれ、ほとんどの照明光、さらには自然光にだって青い光は含まれているので、どんな光を当ててもブルーカットメガネはたいてい青色の反射光を放つ。最近では近眼用メガネにもブルーライトカットが入っていたりするから、メガネをかける多くの人の目が青く光っている。電車の中などで、スマホを見つめる人たちのメガネが皆青く冷たく光っている光景は、なかなかシュールな、いまどきの風情なのである。

めくるめく印象派

僕がまだ子供の頃、父がなぜだか西洋絵画の全集を買い込んだ。それは古典から現代に至るまでの代表的な絵画が画家別に分冊された立派なもので、我が家のリビングに鎮座することとなった。ずらりと並んだ背表紙には有名であろう画家たちの名前が記されていたが、当時の僕が知っていた名前といえば、せいぜいピカソくらいのものだった。さて、ある時、僕は暇に任せてその中の一冊を取り出してページを開いてみた。そこには、森の中のピクニックでくつろいでいるらしき男女が描かれているのだが、髭を生やした二人の紳士は黒い服にネクタイをつけているにもかかわらず、それに寄り添う女性はなんと全裸でこちらを見ている。それを見た瞬間、生まれて初めて感じる未知の力が僕を高揚させた。その絵はエドゥアール・マネによる「草上の昼食」だった。それは僕が男子の探求を開始した瞬間だった。大人になればこの絵のシーンのようなめくるめく世界に身を置くことができるのだと想像すると、僕の高揚はさらなる高みに舞い上がった。それ以来、家に誰もいない時を狙っては、絵画全集を片っ端から紐解いて「探求」を行ったが、その探求が強く高揚したのはマネやルノアールなどの世代の作品だった。今にして思えば、それは印象派と呼ばれる人たちの絵画だ。

印象派というのは、19世紀後半から始まった新しい絵画の潮流だ。「印象派」の由来はこの運動の中心的作家であったジャン・クロード・モネの「印象・日の出」という作品である。マネとかモネとか紛らわしいが、どちらも印象派を代表する画家だ。印象派に関しては山ほどの解説がなされているので、今更説明するまでもないが、その大きな特徴の一つは明るい色使いだ。それは、印象派の画家たちがこの世に溢れる光の豊かな表情をそのまま表現したいという思いによるものだ。明るい色使いというのは、口で言うのはたやすいけれども、実際にはそう簡単なことではない。もともと限られている色の絵の具で様々な色を出そうとすると、絵の具を混ぜて使うことになる。絵の具は、出したい色以外の光を吸収して発色をしている。だから、混ぜることで光に対するトータルの吸収が大きくなり、暗くなってしまったり濁ってしまったりしてしまうため、明るく微妙な色合いを作り出すことが難しい。印象派の画家たちの中でも、生涯光の表現を追い求めたモネは、これを克服するために、異なる原色の絵の具を混ぜ合わせず場所を変えて並べる「筆触分割」という手法を編み出した。近くで見れば様々な色が並んでいるように見えるが、遠くで見ればそれらが目の中で溶け合って新しい色と感じる。これは「視覚混合」と呼ばれ、色の並び方や配分によって繊細な光の印象を描き出すことができる画期的な手法だ。また、絵の具が混ぜ合わされていないから、光を強く反射して、明るい色合いが再現可能になるのだ。これによって印象派の画家たちはめくるめく光の活きた表情を見事に表現することになった。印象派のこの筆触分割という手法は、その後、スーラに代表される点描画へと発展し、さらには、現代、日常に溢れているのフルカラー印刷やテレビなどの画像表示にもつながっている。そういう意味で、印象派の運動は芸術だけではなく、光・画像技術の世界にも大きな革命をもたらしたと言っても過言ではない。

さて、印象派の特徴の一つには、「日常性」というのがある。日常のさりげないシーンを切り取るという、写真で言えばスナップショットのようなものだ。少年の頃、僕がマネの絵を見て高揚したのは、その絵のシーンがとても身近なところにありそうだという感覚を持ったからかもしれない。印象派が描きたかっためくるめく光の世界に、少年の僕はめくるめく大人の世界を夢想した。もちろん、「草上の昼食」が日常ではあろうはずもないが、僕がその現実を知ったのはもっと後年になってからのことである。

立ち食い蕎麦にも森羅万象

　蕎麦が好きで、何かにつけて食べに行く。とは言っても、蕎麦と言えば神田のあそことかとか日本橋のどこそこ、なんて言うこだわりがあるわけではなく、出かけた先や旅先などで何となく良さげに見える蕎麦屋に入り、美味しいの美味しくないのと勝手な感想を持つだけだから、プロの蕎麦好きから見ればなんちゃって蕎麦好きだ。本格的な蕎麦屋の蕎麦も勿論好きだけれども、時々、立ち食い蕎麦が無性にたべたくなる。それも、かき揚げ天蕎麦と決まっている。そんなことを飲み屋でたまたま隣に座っていた地元では有名な本格的蕎麦屋の大将に話したら、「実は私もたまらなく立ち食いが食べたくなって、時々食べにに行くんです」と言って笑っていた。結局、蕎麦談義は、立ち食い蕎麦は立ち食い蕎麦というジャンルの大変魅力的な食べ物だという平凡な結論に落ち着いたのである。

　僕が立ち食い蕎麦を食べるのはたいていの場合、出張の時だ。移動がお昼の時間に重なって、さて何を食べようかと考えている空腹時に、駅の立ち食い蕎麦の匂いを察知すると、もうほとんど自動的に店に吸い寄せられることになる。時として、出張に出かける前から、さあ今日は立ち食いでかき揚げ蕎麦を食べるぞ、と心に決めて出かけることだってある。自動販売機でとりあえずどれにしようかと迷うのはポーズであって、実はかき揚げ天ぷら蕎麦に決まっている。店に入り、食券をカウンターに出すと「蕎麦ですかうどんですか」と聞かれるが、迷わず「蕎麦で」と答える。目の前でちゃっちゃと蕎麦が湯がかれてどんぶりに投入され、つゆがかけられ、ネギがさっと載せられる。そして最後に安っぽいかき揚げがどんぶりの頂上に載せられて出てくるのは垂涎の瞬間だ。お盆に載せた蕎麦のつゆをこぼさぬように食べる場所を確保すると、七味をパッとかける。この時点では、褐色のつゆ、それに沈む麺、少し狐色っぽくなった天ぷら、さらには赤い七味は独立に存在している。つゆの色は醤油の色だが、それはメラノイシンといってアミノ酸とブドウ糖が熟成時の加熱によって生じた物質の色である。赤い長波長の光を透過し、青や緑は吸収するから本来は赤っぽいのだけれども、もしもだし汁が底なし沼のように深ければ真っ黒に見えるだろう。でも、浅い場所にある麺やどんぶりの側面で反射された光が戻ってくるから赤みを帯びた褐色となる。そんな景色を一瞥してから、まずは箸で天ぷらを押し込み、つゆに漬ける。そしてつゆが天ぷらに染み込んだのを見計らって、蕎麦と天ぷらをいっしょくたんにすすり始めるのだ。最初は夢中で食べているけれども、だんだんとつゆの表面積が大きくなってくると、つゆの表面がギラギラとしていることに気がつくだろう。天ぷらの油がだし汁と融合し始めているのである。融合とは言っても水と油だから、本当に混ざり合うことはない。油は軽いから、つゆの上に浮かぶ。そして、油の表面張力が高いため、一つに集まろうとして細かい油滴となり、それぞれが真ん中がの盛り上がった構造になる。油滴ができる前のつゆは表面が一様で、散乱光は発生しないので澄んで見える。しかし、油滴が表面にあると、凸面となった油滴の表面が天井からの光を反射し、それが散乱光となる。この時のだし汁表面をじっくり観察してみると、一つ一つの油滴それぞれが道路のカーブミラーのように天井を映し出していることがわかるだろう。そんな小さな凸面鏡がつゆの表面いたるところに散りばめられて、それぞれが光を反射していることがギラギラを創り出しているのだ。一杯の立ち食いそばの中にも光の森羅万象がきらめいているのだと、僕は妙に感激してしまうのである。

さて、そんな森羅万象を、ふやけた天ぷらの破片と一緒にすすりこむ最後の瞬間は、まさに至極の瞬間といってよいだろう。

コーヒー色であるということ

コーヒーを淹れるひとときは幸せだ。フィルターに盛ったコーヒー豆の粉にお湯を注ぐと、香りとともにプクプクと泡が立ち、粉全体が饅頭のように膨れ上がる。ひとたび待って、ほどよい時間が経ってから再びお湯をゆっくりと注いでいく時に、白く盛り上がりながら次々と湧き出す泡の盛衰は見ていて飽きない眺めだ。しばらくすると、ドリッパーからポトポト落ちるコーヒーの滴のうちいくつかが、わずかの間だけれどもサーバーにたまったコーヒーの水面（湯面？）で跳ねて踊る姿が見られるだろう。これは、コーヒーの妖精と呼ばれる現象らしい。コーヒーは油分を含んでいるため、溜まったコーヒーの表面にはごく薄いけれども油の膜ができる。水の表面張力で集まろうとするコーヒー滴が油の上ではじかれるので、コーヒーの滴は少しの間だけ油の上でダンスを踊るのだ。不安定な薄い膜なので、コーヒーの滴はいつまでも踊っていることができず、やがてサーバーに溜まったコーヒーに吸い込まれてしまう。なんとも儚い妖精のダンスなのである。

さて、コーヒーと言えばコーヒー色。ＲＧＢで言えばＲ：１２３　Ｇ：８５　Ｂ：６８というのが決まっているらしいが、本物のコーヒーの方は淹れ方や豆の煎り方によってその色は変わってくる。とは言っても、少し赤みを帯びた茶色あるいは褐色というイメージはコーヒー色のイメージだ。でもあのコーヒー色というのがコーヒー生来の色だと思っていたら、どうも違うらしい。もともとコーヒー豆は緑色をしていて、それを煎ることでよく店先で見かけるコーヒー豆の色となる。コーヒー豆は養分豊富で、タンパク質、炭水化物、ショ糖、ミネラルその他の成分が含まれている。焙煎の時の加熱により、タンパク質とショ糖が化学反応し、こげ茶色のメラノイジンという物質になる。これはトーストのパンやポテトチップスなどの焦げ色がつくのと同じ原理だ。これに加えて、ショ糖自体は加熱でカラメルになる。これも茶色だ。さらに、豆にはクロロゲン酸というものも含まれていて、これがやはり加熱によってショ糖と化学反応して、これは褐色の色素となる。深煎りのようにより強く煎れば反応が進み、色は濃くなる。もちろん、焦げを増やすわけだから苦味も強くなる。何はともあれ、コーヒー色というのは何種類かの茶色系の色が混ざった複雑な色なのだ。そうやって改めて眺めてみれば、複雑なのにどこか透き通ったコーヒーは何と美しいのだろうと感じてしまう。

最近では缶コーヒーだったり、飲み口の穴が空いた蓋が付いているカップだったりと、コーヒーそのものを見ることなく味わうことが多いのだけれど、やっぱりコーヒーはカップに佇むコーヒー色を眺めながら飲むほうが美味しい気がする。湯気が揺らめくホットコーヒーにしても、透明感があるアイスコーヒーにしても、コーヒーは味覚、嗅覚に加えて視覚が揃ってこそ完璧なコーヒーになるのだ。

もしもコーヒーの色が別の色だったらどんな感じがするのだろう。コーヒーが水のように透明だったら、それは大層つまらない飲み物だったことだろう。コーヒーの魔力、「恋を思い出させる妙薬」には絶対になることはない。ホワイトコーヒーなんていうのがあったとしたらどうだろう。もちろん、カフェオレのような白っぽいコーヒーはあるが、全くの白いコーヒー。それって、ほとんどミルクのような子供の飲み物に思えてしまうのだ。思いっ切って青い色のコーヒーがあったらどうなのだろう。ブルーマウンテンに対抗してブルーハワイというコーヒー。そんなものには出会ったとも無いから、想像するのが難しい。青い色なので爽やか冷涼系を期待して思わずぐいっと口に含むと実は熱湯で口の中を火傷、なんていうことになってしまいそうだ。やっぱりコーヒーはコーヒー色でこそコーヒーなのだ。

レーザーポインター光線

レーザーポインターといえば、世間一般ではサッカーの試合でゴールキーパーの邪魔をするためにレーザー光を顔に狙い撃ちするための道具だと思っている人も多いかもしれない。でも、本来は、プレゼンテーションで図を指し示す指し棒の代わりに用いられてきたものだ。僕が若いころのプレゼンテーションといえば、ＯＨＰ（オーバーヘッドプロジェクター）という装置でフイルムに描いた画像を投影して、指し棒を使って説明を行うというものだった。大きな画像の時には小さい指し棒は使えないから、スクリーンを引っ張り下げるための長い棒などを使っていたものだ。今では、学会などの演台には必ずと言って良いほどレーザーポインタが置いてある。指し棒と違って、遠くから狙いの場所を指し示すことができるから、随分と便利になったものである。一方で、プレゼンテーションの最中に電池切れになって、プレゼンテーションをしている方も見ている方もなんだかがっかりとしてしまう場面が多い。また、遠くから狙う分、光の点がコウモリが飛ぶごとく動き回ってしまうので、見ている方は目が回ってしまうなんていうこともしょっちゅうだ。いずれ、これらのことが解決されて、もっと気持ちの良いプレゼン環境ができてくると信じているのだけれど。

さて、今でこそレーザーポインターはポケットに入るペンサイズでいつでもどこへでも持っていけるが、初めて登場した頃は結構大げさな「装置」だった。最初のレーザーポインターはHe-Neレーザーを使っていた。何せガスレーザーだからレーザーチューブが必要で、そのためにレーザー自体が数十センチの大きさだ。それに、発光効率が悪く、電力を大食いするので、コンセントから電源を取る必要がある。僕が初めて見たレーザーポインターはショットガンみたいな形をしていて、電源コードを引きずり回すというシロモノだった。目新しさも手伝って、発表者本人よりもレーザーポインターの方に目が行ってしまう、そんな感じだったと記憶している。しかし、こんなレーザーポインターが出現した頃、すでに世の中に半導体レーザー出回りだしていたのである。間もなく、半導体レーザーが組み込まれた今の形のレーザーポインターが出現した。半導体レーザーはその名の通り小さな半導体チップからレーザー光が放射されるものだが、それを格納するパッケージを入れてもせいぜい数㎜のサイズである。また、発光効率が高いから、レーザーポインターとして使うくらいの明るさであれば電池駆動が可能だ。ただし、半導体レーザーはそのままだと放射された光が楕円形に発散してしまう。これを直進ビームに変換するためには特殊な光学系が必要なのだが、光通信技術の進歩の中で小型で安い光学系の技術が半導体レーザーの技術と共に出来上がっていた。これらの技術が組み合わさることによって、ペンサイズのレーザーポインターが世に出てきたのだ。出てきた当初はHe-Neレーザーと同じ赤い波長だったのだけれども、緑色の半導体レーザーが発明されると、同じ強度でもより明るく見える（視感度が高い）緑色のレーザーポインターも使われるようになってきた。今ではBluetoothでスライドを遠隔でチェンジできる機能を搭載したものも出てきて、インテリジェント化も進んでいる。

それにしても、プレゼンテーション用に出現したレーザーポインターだけれども、それは僕が子供の頃に憧れていた光線銃そのものであることにふと気がつくのである。もちろん、それは怪獣や宇宙人をやっつけるほどの派手な能力を持つものではない。ＳＦの世界から見れば随分としょぼい光線銃だ。だけれども、孤独な夜に、闇空に向かってレーザーポインター光線を撃ち放してれば、何だか宇宙と繋がったような気分になって、少しばかりウキウキしてしまうのである。

鉄腕アトムの目のチカラ

子供の頃、僕の家には樹脂でできた鉄腕アトムの貯金箱があった。頭の後ろに硬貨を入れる穴があって、首を外すと中の硬貨が取り出せるというものだ。当時、テレビで放送されていた鉄腕アトムは白黒だったはずなのに、記憶の中のアトムがフルカラーなのは、その貯金箱の色合いが頭の中にインプットされていたせいかもしれない。鉄腕アトムがテレビに登場したのは1963年だ。それから半世紀を経ているのにその存在感は抜群で、今でもロボットの代表としてアトムの名を挙げる人は多いはずだ。テレビ番組の鉄腕アトムを見て、僕はまず「科学の子アトム」そのものになりたいと憧れた。それが叶わぬことだと知り、だったら科学者になってアトムを作ろうと幼い夢が育まれたから、僕の人生にとってアトムは結構な影響力を持っていたのである。

鉄腕アトムは「7つの威力」を持っている。その力というのは、「どんな計算も1秒でできる電子頭脳」「60ヶ国語を話せる人口声帯」「千倍の聴力」「サーチライトの目」「十万馬力の原子力モーター」「足がジェットエンジン」「お尻からマシンガン」だ。光屋としては「サーチライトの目」というのが気にかかる。アトムは目から光を発して暗闇を照らし出すことができるのだ。まず、光源が何であるのか。漫画のカラー画像を見るとその色は黄色なので、光源の色は電球色と考えて良いだろう。船舶などのサーチライトでは今でも白熱球を用いた電球色のサーチライトが用いられているから、アトムの目の光源も白熱電球だろうか。しかし、白熱電球は結構大きく、また、それを平行に近い光として遠くに飛ばすためには凹面鏡あるいは灯台で使うような厳ついフレネルレンズが必要だ。子供サイズのアトムの頭にそんなものを詰め込むことは難しそうだ。それに、白熱電球だと衝撃で割れてしまうから、悪と戦うアトムがそれを装備することは随分不利なことだ。それではレーザーが光源と考えるのはどうだろうか。残念ながら、オレンジ色の光を発するレーザーはHe-Neレーザーや光ファイバーレーザーなどの大きなものしかなく、これまたアトムの頭に詰め込むことは難しい。残るはＬＥＤだ。アトムが生まれたと設定される西暦２００１年にはすでに白色ＬＥＤが発明されていたから、ＬＥＤが使われていてもおかしくはない。白色ＬＥＤ光源は青、あるいは紫外線のＬＥＤ光を蛍光体に当てて色を発するという原理で、蛍光体の種類を適切に選べば電球色の光を出すことが可能だ。実際、電気屋に行けば電球色のＬＥＤは普通に売られている。ＬＥＤの場合、チップそのものは小さく、光学系を工夫すれば小さいサイズのサーチライトはできてしまう。２００１年当時に実際にそんなものが売られていたかどうかは忘れてしまったけど、まあ、アトムの生みの親である天馬博士（お茶の水博士はアトムの育ての親）の力をすれば、そのくらいのことは実現できてしまったことだろうと、おおらかに考えれば良いのである。アトムの目は、おそらくは強力なサーチライトとして数十個のＬＥＤが並んでいる構造だと想像する。それらがたとえ１００Ｗくらいの電力消費をしたとしても、10万馬力（７３５・５×１０５Ｗ）というアトムの仕事力からすれば無視できるほど小さく、全く問題ないのである。

さて、アトムの目のもう一つの特徴はカメラとして画像を記録できることであるが、２００１年といえばすでにデジタルカメラがフイルムカメラを駆逐し、さらには携帯電話に「写メール」というカメラが搭載されていた。携帯のカメラサイズは数㎜程度だから、天馬博士でなくてもアトムの目に組み込むことは簡単だ。

というわけで、アトムの目の仕組みが大体分かってきたところで、もし僕だったら超高感度のカメラを搭載して、サーチライトはやめてしまうかな、などと考えてみたりする。でも、それって実につまらぬことだと考え直すのである。やっぱりアトムの目からはサーチライトのビームが放たれなければならないのだ。

失せ物がたり

　僕は占いやまじないの類いは信じないことを標榜しているが、そのくせ神社などでおみくじを売っていると、ほぼ間違いなく運だめしをしてしまう。そして、大吉だ小吉だ凶だと一喜一憂してみたり、「恋愛運良し」と言う一文を見て、ついほくそ笑んでしまったり、「方角：北東良し」という一文に「ふむ、なるほど」と頷いてしまったりするのである。そしてご丁寧にも、なるべくご利益のありそうな場所を探しておみくじを結んで満足しているから、本当に占いを信じていないのかどうかについては僕自信疑っているところなのだ。おみくじといえば、「健康」、「学業」、「恋愛」、「方角」などと並んで「失せ物」というのが必須のアイテムであろう。しかし、僕にとって失せ物はそれ以外のアイテムと比べれば少しプライオリティーが低くて、たいていの場合は特に気にすることもなく、さっさと読み飛ばしてしまう。なにせ僕は失せ物の名手だ。僕は日常的に失せ物をしていて、そしてたいていの場合は諦めた頃にヒョイと見つかるのだ。それも、一度や二度は探したはずの場所から見つかることがほとんどだ。そんなことを、おそらく人並み外れた数だけ経験しているので、僕はおみくじから失せ物がどこから出てくるとかあるいはでないとかアドバイスをされても、それを信じることはないのだ。

　それにしても失せ物が発生して見つかるまでというのはどのようなプロセスになっているのだろうか。まず、失せ物が発生する状態。僕の場合は、ほぼ間違いなく乱雑であることに起因している。普段から物の置き場所を決めて、しっかりとそれを守る、ということが僕は苦手だ。何気なくどこかに物を置いてしまったりして、それを思い出せずに見失ってしまうというのが僕の失せ物発生のパターンなのだ。「俺の眼の前から消えた薄情者には未練はねえやい」などと江戸っ子流に啖呵を切るほどの度量があるわけではなく、まずは探すことになる。探すという行為は以下のようなプロセスで進んでいくのだろう。まず自分の脳に格納された記憶を頼りに失せ物の在り処を推定する。そして推定した場所を視覚で確認する。視覚で確認と言っても、これはこれで実は大変な作業である。風景を作る光は目のレンズによって網膜に結像され、それが電気信号に変換されて神経に送り込まれる。神経の束に流れる電気信号のパターンを、人間の脳はまずエッジ処理して輪郭を抽出する。その後、それらの信号は脳のV２野という場所に送り込まれて画像として認識される。僕は脳科学に関しては素人なのでよくわからないけれども、おそらく探し物をしている時には脳の各所に格納された画像データと視覚で認識された画像との照合を必死で行っているのだろう。僕の場合、どうもこの過程があまり効率的ではないようだ。大抵の場合、思いつくすべての場所を探し尽くしても見つからない。それを1度、2度、3度と重ね、「ゴミ箱に捨ててしまったのでは」とか、「もしやスられたのでは」などと他人のせいにして、ついには諦めた頃に、さっき探したはずの机の上だとか棚の奥などにそれが存在していることに気がつくのだ。一度は失踪したはずのそれは、「私はずっとここにいたのですがね」と、少し僕を小馬鹿にしたような態度で佇んでいるから少しムッとしてしまうのだけれども、自分のせいなのだから仕方がない。

光と、それを結像できる健全な目を持っていても、同じものが見えたり見えなかったりするのだから、「見る」という行為は相当あやふやなものにちがいない。そんなことを真面目に考えていると、今僕が見ている風景だって実際のところはどんなものかわかったものではない、などと怪しい精神世界に陥ってしまいそうだ。目に映る風景はお気楽にそのまま受け止めておく方が生きる上で健全なのである。だから僕は、失せ物が生じたときにはそれが本当に目の前から消えていたのだ、と思うようにしているのである。こんなことだから、今日も失せ物探しに時間を費やす羽目に陥っているのだ。

憧れのシャンパンゴールド

シャンパンと庶民的なスパークリングワインを泡の音で判別する。そんな酔狂な実験の報告がPhysics Todayという真面目な雑誌に掲載されていた。スパークリングワインの中でも、フランスのシャンパーニュ地方で厳しい基準を満たすように作られたものだけがシャンパンの名を冠することができるということだから、シャンパン＝高級スパークリングワインと言って良いだろう。論文の実験で使われたシャンパンはモエ・エ・シャンドン・アンペリアル（ネットで4000円くらい）で、一方、庶民的なスパークリングワインはカリフォルニア産の1000円くらいのものである。報告によると、グラスに注いだそれぞれの液体の中に差し込んだマイクで泡の音をひろって解析をした結果、シャンパンの方で検出される音は、より高い周波数になっていて、それは小さな泡が多く発生していることを示しているという。高級なシャンパンほど小さな泡が豊富に発生すると言われていることと見事に照合するので、この方法を用いれば、音によって「利き酒」が可能になるという主張だ。シャンパンとしてもっと高級なドンペリニョンならどうなるのだろう。さすがに予算が出なかったのか、それとも、本当は実験をやっているけれど実はモエ以上であればドンペリでも大差ないということなのか、その真相は僕にはわからない。

さて、音もそうだが、シャンパンゴールドなんていう言葉があるくらい、シャンパンには視覚的にも高級なイメージがある。ぜひ、グラスに注いだシャンパンの泡が繰り広げる光の世界をこの目でじっくりと楽しんでみたいところだけれども、なかなかそのような機会は訪れない。結婚式やら何かの記念などの時にシャンパンを口にすることはあるけれども、そんなシーンで一人マニアックに泡を注視する勇気もなく、かといって実験のために大枚叩いてシャンパンを購入する男気も僕にはない。というわけで、日々、気軽に泡の観察を行う対象は、結局ビールに落ち着いてしまうのだ。

ビールだって豊かな光の世界を持っている。ビールをグラスに注いだ瞬間、まずはクリームのように白い泡の流体がグラス底面で渦巻き、そして注がれる量が増えるにつれて下の方から透明な黄金色の液体が現れてくる。この時僕は、なぜだか宇宙晴れ上がりを連想するのだけれども、ビールの泡とは関係ないことは無論である。ビール本体が黄金色なのは、ビールの醸造過程で原料となる麦を加熱した時に糖とアミノ酸が結合するメイラード反応によるものだ。上層では、相変わらず注がれるビールの泡が宇宙創生を思わせる渦活動を見せている。泡が溢る直前で注ぐのを止めると、晴れ上がりのスピードも鈍化し、やがて透明黄金色と白い泡の層構造が安定する。透明黄金色の液体の中ではグラス壁面から次々と小さな泡が上昇しているのが見えて、いかにも涼しげだが、それだけではない。透明黄金色の液体はプリズム効果やレンズ効果などの光学効果を発揮する。それに加えてグラス表面に細かく浮き出る結露との相乗効果によって、なんとも妖しげな光の表情を眺めることができる。テーブルに投影されたビールの透過光は、これがビールかと思うほどのゴージャスさだ。一方、上層を守る泡の層が白色だけれども、これを不思議に思う人がどれだけいるだろうか。これは、密集した泡による光散乱によって説明できるのだけれども、ビールのつまみ話題として利用するのも良さそうだ。実際には、泡の後ろに真っ白なハンカチなどを広げてみれば、泡にも少しビールの色が付いていることがわかるだろう。もしも判別がつかないようだったら、それはハンカチが黄ばんでいるということだから洗濯をした方が良い。何はともあれ、一日散にビールをプハーッとやる前に、じっくりとその光の饗宴を楽しんでみれば、より幸せな気分になれるだろう。それはそれとして、やっぱりシャンパンの宝石のような光の世界に溺れてみたいという僕の願望は無くなったわけではない。

幻日の現実

仕事帰りの道すがら、まだ日が長い時期で、夕日というには少し早めの太陽が西にうっすらとかかった雲を透かして見えている。その太陽から水平方向右側、少し離れたところに光の塊が出現しているのを見つけた。それは少し縦長で、水平方向に虹色ににじんでいる。よく見れば太陽を挟んで反対側にも同じような光の塊が出現している。幻日だ。本物の太陽は少し暴力的な強さを持つ神のような存在だけれども、幻日はなんとも神秘的で、いつ消えてしまうかわからない儚さを感じさせる存在である。そもそも、幻日という言葉がなんともスピリチュアルだ。「幻日は異次元への入り口かも」とか「幻日の出ている間だけは世の中で一番会いたい人に会えるはず」とかいい加減なことを言ったら信じてしまう人がいて困ってしまうことになるかもしれない。もちろん現実の幻日は、物理的に説明できるれっきとした自然現象であって、決して超常現象などではない。

幻日は虹やブロッケンと同じで、光の屈折が関わる現象だ。虹やブロッケンは雨粒や霧をつくる球形の水滴に出入りする光の屈折と、水滴内部での全反射によって作り出される。これらの現象では、光はもと来た側に反射される。雨上がりの夕方に西日を受けて東側の空に虹がかかるのはこのためだ。ブロッケンも同じで、太陽を背にした時にだけ見える。幻日の場合、太陽光と作用するのは、より高い空にかかる雲だ。高度が高い場所では気温が低いので、雲を形成するのは水滴ではなくて氷の粒となる。氷の粒一つ一つは6角柱の結晶であり、これがプリズムの役割をする。6角柱の側面の1辺に入射した光は、空気から氷に入る時と別の面から空気に出るときにそれぞれ屈折し、トータルで22度曲がって飛んでいく。風のない上空に雲がかかっている場合、6角柱の氷の結晶は空気抵抗などの影響で縦に立った状態となっているらしい。このように上下に方向が揃った氷の結晶からなる雲に斜めから太陽の光が入射すると、プリズム効果がはっきりと現れて、地上の観測者には太陽と観測者を結ぶ線とは22度ずれた方向からも光が届く。これが幻日の正体だ。

なんとも神秘的な言葉の響きを持つ幻日であるが、実際にはそれほど知名度は高くなく、むしろ地味な存在である。たとえば虹が空に出現すると大勢の人たちがそれを見つめ、そしてその姿を写真に収める人も大勢いるだろう。もしもブロッケンが出現すれば、それを見た人はほぼ間違いなく驚きの声を上げるだろう。その他にもオーロラだとか、空の光のスターはいっぱい存在するけれども、幻日はいまいちスターになりきれていない。ある時、幻日が出現したのを見つけた僕は、たまたま一緒に歩いていた人に喜び勇んで「あ、幻日が出ている」と言ったのだが、その人からは「ゲンジツってなんですか」と聞き返されてしまった。「ほら、あれ」と言って光の方向を指さして教えたら「ああ、言われてみれば光ってますね」という程度の答えで、それほど感動している様子もない。幻日という言葉も知らなければ、そもそも太陽の脇にもう一つ光が出現していること自体に気がついていないのだ。これが幻日の現実だ。実際の話、幻日はそれほど珍しい現象ではなく、上空に薄い雲がかかっている朝夕には高い確率で出現するから、本当は多くの人の目に入っているはずだ。それにもかかわらず、ほとんどの人はそれに気がついていないのはなぜだろう。幻日自体、なんだかぼうっとしていて、派手さに欠けている。もう少し太陽と離れて現れれば人はもっと驚きと畏怖の目で幻日を見るかもしれないけれど、太陽の脇では存在感が薄いのかもしれない。少し惜しい存在なのである。だけど僕は幻日に言いたい。「世の中には、君の出現に心躍らせる光マニアだって大勢いるのだ」と。だから、幻日にはこれからもめげることなく、とびきり幻想的な光を放って欲しいと願うのである。

ステンドグラスは永遠だけど

僕にとって初めてのヨーロッパは、チェコ共和国のブルノーという街だった。ブルノーはチェコ第2の都市で、遺伝学で有名なメンデルを輩出した伝統ある都市だ。だけれども、僕が訪れた1995年当時は自由主義化のためのシルク革命から少ししか経っておらず、ブルノーもまだ社会主義国時代の名残の残る、どこか憂愁が漂う雰囲気の街だった。学会の合間に少し街をぶらついてみると、子供たちが東洋人の僕たちを物珍しげに眺めていたけれども、きっと今では違ってしまっているだろう。この街のシンボル的な存在として聖ペテロパウロ教会がある。生まれて初めて見るヨーロッパの教会の、巨大な空洞のような聖堂の最奥にそびえるステンドグラスに、僕は随分と感動した記憶がある。それ以来、幾度かヨーロッパを訪れる度にお決まりのように教会を見学し、そして見事なステンドグラスに感動してきた。さすがに最近では「またか」という感じになってきていたのだけれど、先日、バルセロナのサグラダファミリアを訪れた時には全く新鮮な感動を味わった。ガウディが森をイメージしたというステンドグラスは、古い教会の神や王の物語を表した伝統的な模様とは異なる抽象的なパターンとなっていて、さらにそれらが総合的に作用して聖堂の内部全体を光の饗宴の空間に仕立て上げている。僕の表現力ではとても言い表せないのだけれど、とにかくサグラダファミリは外もすごいけれど中もすごいのだ、ということに大きな驚きを感じた。

ところで、僕はステンドグラスというのは色付きのガラスのことを言うのだと思っていたのだけれど、本当は「着色したガラスの小片を結合して絵や模様を表現したもの」と言う意味であることを最近知った。ステンドグラス（stained glass）のstainedは「着色された」と言う意味だから、なんだかややこしい。

ステンドグラスのすごいところは、何百年（古いものでは千年以上）経ってもその鮮やかさが変わらないと言うことだ。教会内部の、おそらく建立当時は鮮やかであったであろう壁画や天井画などはすっかりと色褪せてしまっているのに、ステンドグラスは古からの色を発し続けている。この耐久性は、ステンドグラスに使われる着色が金属のプラズモン共鳴という原理に基づいていることによる。プラズモン共鳴というのは、光と金属の中の自由電子との相互作用によって、特定の色の光だけが金属の中に閉じ込められて、最終的に吸収されてしまうという現象だ。化学的な着色ではないため、その特性が変化することはない。ここ数十年ほど、科学・技術の世界ではプラズモンブームである。だから「プラズモン」「ステンドグラス」のキーワードでネット検索すれば、その原理の詳細はいくらでも出てくる。プラズモン共鳴は、現代ではセンサーや光回路、そしてメタマテリアルと言われる特殊な光制御構造に至るまで、非常に幅広い分野への応用を目指した研究が行われている。それらの研究の紹介の冒頭で、必ずと言って良いほどステンドグラスが出てくるのだ。最先端の研究と思われて極めて多くの人たちが関わっているプラズモン共鳴が、実は数百年も前からガラスの着色という技術に利用されていたというのは大変興味深い。おそらく、現代の研究者の数は古来からステンドグラスに関わってきた人の人数よりも圧倒的に多いはずだけれども、いまだに産業としてステンドグラスを上回るものはないのではないか。現代人頑張れ！という状況である。かくいう僕も、プラズモンの応用技術に関わっている人間の一人だから同じ穴の貉だ。

それにしても、本来、プラズモン共鳴は、ステンドグラスとして永遠の美を残すために使われてきたのに、僕も含めて世界中の人たちが目指しているのはセンサーにしても光デバイスにしても、大量消費への応用を目指している。これで本当に良いのかな、と、なんだか複雑な気分になってしまうのだ。

豆電球にシンパシー

豆電球といえば、小学校の頃に持っていた実験キットを必ず思い出す。理科の教材だったか「学研の科学」の付録だったか、よくは覚えていないのだけれど、よくある「電池と豆電球の実験」の少し洒落たやつ、という感じである。平べったいプラスチックの箱の中で電池と豆電球をつなぎ、箱のスイッチを押すと豆電球が光るという実にシンプルな構造だ。豆電球の光は箱の両面の窓から外に放射されるようになっていて、それぞれの窓は赤と青のセロハンでできていて、片方の窓からは赤、反対側の窓からは青の光が放射される仕組みだ。自分で配線(ただつなぐだけ)をし、電池を入れてスイッチを押すと赤や青の窓がピカリと光るのを見て、最初は嬉しかったけれども、窓が青や赤に点滅するだけの仕掛けはあまりにも地味で、僕はすぐに飽きてしまった。ある夜、僕はこっそりとその実験キットを寝床に持ち込んだ。当時「良い子は夜8時に寝る」というのが日本の習慣であり、そして僕はとりあえず「良い子」だった。母が部屋の明かりを消して出て行くと、僕は暗闇の中で布団の中に隠し持っていた実験キットを取り出してスイッチを入れた。するとどうだろう。暗闇だった部屋に忽然と光の空間が出現したのだ。昼間はあんなに地味に見えた光が暗闇ではまるで意思を持っているかのような存在感を示したのである。もちろん豆電球だから随分暗い光のはずだけれども、その光と陰の絶妙な混ざり具合に僕は見とれてしまった。大きくなったり小さくなったりするしながら壁に映る自分の影にを見ていたら、なんだか魔法の世界にいるような気分になってしまっていたのだ。

電気の実験では電池と豆電球は鉄板だったけど、最近はどうなのだろう?もし使われていたとしても、今や豆電球は白熱球からLEDに変わってきているに違いない。電流が流れて光が発するという意味ではどちらも同じだけれども、その発光の原理が異なるから、実験のやり方も異なるだろう。白熱球の豆電球は、電線に電流が流れる時に発生する熱が光に変わるものだ。フィラメントを電流がどちらの方向に流れても全く同じなので、極性を気にすることはない。これに対し、LEDは、p型半導体とn型半導体の接合部で電子と正孔が結合する時に発生する光であり、その場合、電流はp型からn型の方に流れなければいけない。すなわち、プラスとマイナスを逆転させると光は発生しなくなってしまうから、豆電球のように適当に繋げば光る、ということはなくなる。また、白熱電流の場合、電流-電圧特性が比較的なだらかで、乾電池を2つや3つくらい直列に繋いで明るくしても問題ない。でもLEDの場合、閾値というのがあって、それ以下の電圧だと電流が流れなくて光は出ないのに、閾値を超えると一気に電流が流れ、油断をすると素子がすぐに壊れてしまう。そのため、LEDの場合、電池駆動といえどもLEDと直列に抵抗を入れて電流を調整しなければならない。さらに、白熱豆電球の場合、発生する光は可視光全域をカバーするが、LEDの場合は青、緑、赤など、特定の色しか発生しない。だから放射する色を変えようと思ったら異なるLEDを光らせなければならない。どっちが良いか悪いかはいえないが、とにかく白熱豆電球に比べてLEDを使う実験の方が確実に複雑になっている。きっと、今の理科のテストで電池と電球の実験の問題が出るとしたら、素子のプラスとマイナスの向きだの電流の落とし方だの、白熱電球豆電球の頃と比べてより多くのことを答えなくてはいけないのだ。面倒臭がり屋の僕としては、今の子供たちは大変だね、ご苦労さん。と言いたいところだ。

それにしても、世の中のLED化はどんどん進んでいる。普通のサイズの白熱電球は無くなりつつあるのだけれど、豆電球はどうなのだろう?もちろん、効率の優等生であるLEDが普及することは世の中にとっては良いことなのだろう。でも、僕としては、多少無駄が多くても、シンプルな白熱豆電球にシンパシーを感じてしまうのである。

鼻血の話

子供の頃はよく鼻血を出した。なんだか鼻がムズムズして、手でクシャクシャしていると手が鼻血でぬれている。あるいは朝、布団の中で寝ていると急に鼻周りが温かく感じて、気がつけば鼻血が布団を赤く染めている。時には、友達と話をしている最中に突然、鼻血がぼたぼたと流れ落ちてくる。僕は今までの人生の中で数えきれない回数の鼻血を出してきた。あまりにも鼻血が出るものだから、母が心配して中学生だった僕を病院に連れて行ったことがある。結局、鼻の粘膜が弱くて毛細血管が切れやすいという診断だった。今まで無事に生きているから、大したことではなかったことは確かだ。僕に限らず、男の子は鼻血を出しやすいのではないかと思う。小学校や中学校の頃は、鼻に脱脂綿やティッシュの丸めたものを鼻に詰め込んで流血を阻止している男子が、そこいら中にいた。

鼻血を出すと結構慌ててしまうものだけれど、実際には大抵の鼻血の流血量はそれほど多くはないようだ。なにせ体のてっぺんについている顔から重力で下に向かって流れ出すから、見た目に目立つ。そして、何よりも血液が赤いということが、派手なパフォーマンスを作り出す源泉になっていることは間違いないだろう。

血液が赤いのは、赤血球の中に含まれるヘモグロビンによるものだということは、理科や保健の授業で習ったことだ。ヘモグロビンは鉄を含んでいて、この鉄が赤の発色源となる。酸素と結合したヘモグロビンは鮮やかな紅色で、酸素が分離すると黒ずんだ赤になるということだけれども、実際に自分の血液で比較したことはないからなんだか実感がわかない。鼻血を流したときに、その色を観察すれば「おお、今日は酸素が足りていて健康だ」とか、「おっと、酸素が足りん。もっと息をしなければ」とか体調の判断ができるかもしれないけれども、そんな冷静に鼻血は流せない。

何はともあれ、「血は赤い」ということは誰しも疑わないことだろう。カニやエビのように青っぽい色の血液の生き物もいるから、もしも赤ん坊の時に海辺で迷子になってカニに育てられたりすれば「母さんの血は青いのに僕の血はどうして赤いのだろう?」と悩んだりするかもしれないけれども、そういう特例を除けばやっぱり僕たち人間にとって血は赤だ。

ここで、少し哲学的な疑問が湧いてくる。「あなたが赤いと見ている血は他の人にとっては違う色に見えているかもしれない。」などという議論を時々見かける。それじゃあ僕が赤いと思って見ている血の色が青く見えている人がいるのだろうか。だけど、その人にとっても血の色は「赤」だから、それって、結局赤を見ていることになりはしまいか。それじゃあその人の見ている色って一体…、と、堂々巡りに落ち込んでしまうのだ。

色が見えるということは生きていく上で必要なことである。おそらく、血の色は本能的に血の色と感じるのだろう。もちろん、色を感じる網膜上の錐体の感度に関しては個人差はあってもおかしくない。でも、最終的に色を判断するのは脳である。血を見るというのは、ある意味、非常事態である。狩で獲物を確かに仕留めたと確認したり、戦いで相手や自分が流す血を見て一喜一憂したり、日常の中で流す血を見て健康状態を知ったりと、生命に関わる最も重要な情報なのである。それを見て妙に興奮したり、時には失神したりするするほどのインパクトを僕たちは受けるのだ。そして、その色に対して僕たちは「赤」という名前をつけたのだ。脳の本能的な部分がそう決めている以上、もう赤は赤としてしか感じていないのではないかというのが僕の意見である。だからと言ってすべての色に対してそうであるとも言えない。例えば日本の伝統色である銀鼠だとか鶯色だとか、そんな微妙な色は、もしかしたら見る人によって異なる見え方をするのかもしれない。とても深淵な問題なのである。

それはさておき、若い頃にはあんなに出ていた鼻血が最近はとんと出ていない。これは喜んで良いものか悲しむべきことなのか。鼻血問題も深淵なのだ。

信号機の威厳

渋谷のスクランブル交差点が外国人に人気の観光スポットになっているらしい。1回のタイミングで最大3000人くらいの人たちが一斉に歩き出し、ぶつかることなしに交差する様子が、随分とアジア的、刺激的な光景として目に映るようだ。人同士がぶつからないことも凄いことだけれども、僕はたった3色の電灯の合図ですべての人や車を統制する信号機の力に凄さを感じてしまう。それはまるで偉大な指揮者のようでもある。

僕たちが子供の頃から見慣れている信号機、正式には自動交通信号機が日本で初めて設置されたのは昭和5年（1930年）3月のことだ。場所は日比谷交差点である。交差点の真ん中の柱に縦に3色の電灯が並ぶ街灯のような形だったらしい。当時、日本の庶民は交通信号が理解できず、信号には従わない事態が生じていた。これに対応するため、青に「ススメ」、黄に「チウイ」、赤に「トマレ」と文字を書いて周知を図ったという。（警察庁HPより）。僕たちが信号の色に従うのは決して本能的なものではなく、学習によるものだということがよくわかる。

僕が子供の頃の信号機は、白地に緑色の縞が斜めに入った背面板に3色の電球が横に並び、それぞれの電球の上に大きな庇が付いている形のものが多かったと記憶する。信号機の電灯の上に庇が付いているのは、太陽光によって電球が擬似的に光ってしまうのを防止するためだ。白色電球の信号機の場合、赤、黄、緑のフィルタで発光している光の一部しか取り出せないから、明るさを稼ぐことが難しい。そこで、電球の背面には後方に出る光を前方に反射する凹面鏡が付いている。ここに太陽光が入ると、いかにも信号機が光っているように見えてしまう。これを防ぐために日よけの庇が付けられているのである。それだけではなく、前面に放出される光をより効率的に狙いの場所に届けるために、各発光部にはフレネルレンズなどで光を前方に集める設計もされている。一見、単純な仕掛けに見える信号機だけれども、実は巧妙に設計された光学機器なのである。

　最近では、ＬＥＤが実用化されたことによって、赤、黄、青（緑）それぞれの色が単色で効率よく放射されるようになり、これによって信号の視認性が格段に向上した。今までの電球式信号機だと、どの色の信号が光っているのかがわかり難いことがあったが、最近のＬＥＤ式信号は遠くからでもはっきりと視認することができる。信号機の進化恐るべしである。

　進化していることは喜ばしい限りだけれども、一方で、僕はＬＥＤ信号機のドット集合体の光かたがあまり好きではない。昆虫の複眼に睨まれているようでなんとも気持ちが悪い。また、最近では、薄くて庇がない、１枚の灰色の板っきれのような信号機が増えている。軽いし、コストも安そうだし、メリットが大きいに違いない。しかし、僕はこの板っきれ信号にもなぜだか違和感をもつのだ。今までの信号機には漂っていた威厳とか、人の命を守るのだという気概が、板っきれ信号機からは感じられないのだ。どうも「仕事だから、日がな赤黄青の点滅をこなしているだけです」的な雰囲気なのだ。おそらく、信号機の庇は僕たちにはまつ毛を想像させ、それが信号機に人格を与えているのではないかと僕は睨んでいる。だから、庇のない、のっぺらとした信号機には人格を感じないのだ。相手に人格がなければ、べつに言うことを聞かなくてもよいのではないかと感じてしまうだろう。

　渋谷交差点の信号機はＬＥＤだけれども、全体に渋い色で庇も付いた威厳漂うデザインだ。これを、庇のない灰色の板っきれ信号機に全取替えしてみたらどんなことが起こるだろう。そうなっても渋谷交差点は偉大な指揮者のままでいられるだろうか。けっこう興味があるところである。

光速半分

冬の夜空が春の星座の世界に変わってしまっても、相変わらず北の空に輝いているのが北極星だ。北極星はこぐま座α（こぐま座1番星）の、ポラリスという星である。ポラリスまでの距離は433±6光年。光のスピードで飛んで433年かかるということだ。光の速度は秒速30万キロメートル。1秒で地球7周半の距離、という言葉は知っていても、やっぱりそのスピードは想像できる範囲を圧倒的に超えている。どうせ想像を超えるスピードなのだから、もし光の速度がいきなり半分の15万キロメートル毎秒になったとしても、僕たちの日常には大して影響がないだろうと、随分雑な想像をしてみる。

実際のところ、光の速度が半分になってしまったら、無線や光通信の速度もそれに応じて遅くなるから、人工衛星など地球外との交信が無茶苦茶になってしまうだろうし、高速で飛んでいるGPS衛星では特殊相対論のローレンツ変換によって時間補正がずれてしまうから、GPSに頼っている現代社会は大パニック間違いなしだ。でも、それは冷静になって計算プログラムを書き換えたりすれば済む技術的な話なので、ここではあえて考えない。僕たちが身近に実感できることで何か妙なことが起こるのだろうか。

たとえば星の見え方はどうだろう。スピードが半分になれば、同じ距離であれば光が届くまでの時間が2倍になる。北極星までだと今の433年から866年になってしまう。実は地球の自転の歳差運動によって、北極星は時代によって変わっていくのだが、現在の北極星は紀元前1000年頃から3100年くらいまでは北極星のままでいるらしい。だから、たとえ光が地球に届くのに433年余計にかかったとしても、僕たちが生きている間はポラリスの北極星としての地位は変わらなそうだ。それ以外も含めた星空はどうだろう？光速をもとに計算すると、現在観測可能な最遠の宇宙は464億光年である。光の速度が半分になると、観測可能な宇宙は現在の光の速度で232億光年。体積にして8分の1になってしまう。そうなると観測できる星の数が激減りして、さぞかし宇宙科学はつまらぬものになってしまうような気もする。実際には、現在、観測されている最遠の星は128億光年の距離だから、それは光速2分の1の観測可能宇宙よりも十分小さい。ましてや肉眼で見える夜空の星はこれよりもさらに近いところばかりのはずだから、星空に関してもほぼ影響が無いと言って良さそうだ。

もっと身近ではどうだろう。光の速度が半分になれば、光の波長も半分になってしまう。そうすると、干渉や回折などの特性が変わってしまう。たとえば、クレジットカードで虹色に光るエンボスホログラムの色が変わってしまったり、メガネなどの反射防止膜が機能しなくなったりと、それなりに影響は大きそうだが、これらは設計の問題なので、ここでも無視しよう。身の回りの出来事としては、油膜やシャボン玉の干渉縞の間隔が半分になるけれども、こんなことには干渉縞マニアでもなければ気がつかないことかもしれない。干渉の色といえば、玉虫や孔雀の羽根など、構造色と言われるものの色が変わってしまうはずだが、僕たち人間が生きていくためにはあまり影響はない。当の孔雀たちにとっては、異性を手に入れるための武器に異変が起こるから、結構ミゼラブルなことになってしまうかもしれない。そのほか、散乱光の色も波長の影響を受け、青空が多少白けたり、雲の色調が変わったりするかもしれない。そういえば、化粧品も、散乱や干渉を使って色調などの調整を行なっているから、光の速度が半分になってしまうと化粧の仕方も考え直さなければなるまい。

その他、実際には色々と影響が出るのだろうけれども、命に別状がないのであれば、一体どんなことが起こるのか体験してみたい。もしも、たった1日の「光速半分祭り」なんていうのがあるとすれば、もうしっかりと休む準備をして、もちろんワインなんかを用意して、何が起こるのかウキウキしながら待ち構えてしまうのだが。

続・光速半分

僕は何かとんでもない間違えをしてしまったらしい。〝もしも、たった1日の「光速半分祭り」なんていうのがあるとすれば、もうしっかりと休む準備をして、何が起こるのかウキウキしながら待ち構えてしまうのだが〟、と確かに考えていた。もうその気になってワインの栓まで開けて、その時を想像していた。でも、それが想像の世界であって良かったと、気が付いてしまったのである。

もし、光速が突然半分になったとする。太陽から地球に光が届くまで正常な速度で8分19秒だが、速度半分だと16分38秒となる。速度が半分になった瞬間から8分19秒は光は地球に届かず真っ暗になる。それは可視光だけではなく、紫外線から赤外線まで全域にわたってだから、熱も地球には届かなくなる。僕たちは8分19秒ものあいだ、冷やされ続けることに耐えなければならなくなるのだ。まあ、ここは根性でなんとか堪え忍んだとしよう。8分我慢すれば半分の速度となった光が戻ってくるのだ。

しかし、である。光速が半分ということは、単位時間に地球に降り注ぐのエネルギー量も半分となる。きっと地球は冷えるばかりだ。これは由々しきことであるが、なんとか人間の知恵でこれを持ちこたえれば、1日後には再び光は元の速度に戻る。さて、ようやく光の速度が元に戻った瞬間、半分の速度になった光を、正常の速さの光が追い越していくだろう。8分間は、遅い光と本来の速さの光が重なり、熱量は1・5倍だ。いやはや、またしても試練である。灼熱の8分間。相当のダメージを受けることになるが、それも根性で乗り切ることにしよう。

これで、寒さ暑さはなんとか乗り切ることができた。でも、実はもっと深刻なことが待っている。一般相対性理論によれば重力の伝搬速度は光速だ。太陽からの光と同じで、光速半分になった瞬間から8分間、地球が受ける太陽の重力もなくなってしまう。今まで太陽の重力と釣り合って円周運動をしていた地球は、あっという間に遠心力で軌道の外側に飛んでいってしまう。もう逆戻りはできないのである。約8分間の暗闇の後に光が戻った時、僕らは遠ざかっていく太陽を呆然と眺めることになるだろう。それだけではない。宇宙中が大混乱に陥るのだ。想像しただけでも悲しい状況だ。根性だけでは切り抜けられないのだが、こういう時には、大変便利な手法として知られている「一旦棚上げ」で凌ぐしかあるまい。

しかし、依然として試練は続く。$E=mc^2$を忘れていたのである。アインシュタインの有名な式だ。物質が持つエネルギーEは質量mに光速cの2乗をかけたものと等しいということを示している。もしも光速が半分になってしまうと、物質のエネルギーは4分1になってしまう。それが何だと思うかもしれないけれども、太陽が核融合でエネルギーを放出していることを考えなければならない。太陽の中では、水素原子4個が核融合して1個のヘリウム原子になる。この時、質量が0・7%減り、その分がエネルギーとなって放出されている。光速半分だとこのエネルギーが4分の1。地球に降り注ぐ太陽のエネルギーが4分の1まで減ってしまって、やっぱり寒くなってしまうのだ。しかし、それどころではない大問題が生じる。太陽から放出されるエネルギーは地球を含む広い領域に磁場を作り、それが宇宙線のバリアとなっている。太陽エネルギーが4分の1になれば、このバリア性能が低下し、地球には大量の宇宙線が降り注ぐことになる。たった1日だとしても、僕たちはその中で生存していけるだろうか。もし、光速が変わってもエネルギーは変わらないという風にルール変更で凌いだとしても、その時には質量mが今の4倍にならなければいけない。体重が今の4倍だなんて、誰だってうんざりに決まってる。

もうここまでくれば観念するしかない。逃げ場はないのである。「光速半分祭り」だなんてふざけたことを考えてしまった僕が悪かった。開けてしまったワインは、光速が宇宙開闢以来、変わらずにいることに捧げる感謝の印として、ありがたく飲み干すことにしよう。

眼医者迷医者

桜の花がそろそろ満開になる頃の話である。会社までの通勤路を歩いていたら、にわかに一陣の風が吹いて目がチクリとした。砂埃が目に入ったようだ。目尻がゴロゴロとして何とも気持ちが悪い。いずれ涙とともに流れ落ちるだろうとタカをくくっていたが、半日経ってもその気配がなく、僕は会社の帰りに眼医者に寄ることにした。光オタクの僕にとって目は大切な道具だ。でも、たかだか目に入ったゴミを取るくらいのことだからと、帰宅途中に寄りやすいことを最優先に、ネットで病院を調べ、そこに行くことにした。

その病院は、通勤経路から少し外れた住宅地の中にあった。何やら怪しい雰囲気だが、一応、「○○眼科」と書かれた看板が立っている。意を決し病院の中に入った瞬間、僕は言葉（いや思考を）を失った。受付のカウンターには誰もいなくて、書類がうず高く積まれている。待合室の黒い人工皮革の長椅子はしみが浮き出たように白けている。壁に貼ってある医療費改正のポスターは色が褪せている。そもそも花粉症シーズンなのに患者が誰もいない。敵前逃亡が頭をよぎったその時に、診察室の方から、「どなたですかー?」と可愛らしいけれども明らかに年齢を重ねた人の声が聞こえてきた。「かんじゃさん?」と聞かれ、僕は「そうでーす」と答えるばかりである。「どうさーれーまーしーた?」「目にごーみーがはーいーりーまーシータ」と、何だか僕の口調も変だ。「それでは診察しますから、少し待っていてくださいね」と、やはり声だけがする。もしも僕がそこから黙って立ち去っても、何ら問題は起きなかっただろう。しかし、その時僕は「こんな経験滅多にない」という誘惑の囁きに、ついよろけてしまったのである。

少しと言いながら30分ほど待たされ、ようやく「お入りください」と、診察室のドアが開いた。そこには、腰が90度くらいに曲がった老婆が佇んでいた。他には誰もいないから、この人が先生らしい。見ていると歩くのもやっとだ。先生は目の診察用のスリットランプ顕微鏡の準備をしようするのだが、手がおぼつかなくて機器のコンセントがはまらない。僕が見かねて「手伝いますか」というと、「お願い」と言われた。病院の機器のコンセントを自分の手で差し込むなんて初めての経験だ。埃を被った機器に僕が顎を乗せ、診察が始まった。窓から射す日差しに、埃がチンダル現象の光をキラキラと振りまいている。先生は僕の瞼をひっくり返しにかかるが、手が震えていてなかなかうまくいかない。僕は痛さで涙が溢れてくる。先生にとっても僕にとっても厳しい格闘の末、一応、眼球には傷はついていないことが確認され、瞼の洗浄を行うことになった。僕はベッドに寝かされ、右目尻の脇に液を受け取るトレーを自分の手で押し付け、先生が僕の目に洗浄液を垂らす。命中率は低く、洗浄液のパックを2本ほど費やした。最後にガラス棒で軟膏を塗ることになったが、明らかに先生の目測違いで僕の目にはタッチしていない。でも僕はこれ以上痛い思いをするのが嫌だったので、何も言わずに治療終了にしてもらった。

治療代を払う段になると、先生は細かい数字まであっという間に弾きだしたから、頭はしっかりとしているようだ。しかし、病院に釣り銭が無い。僕が後からお釣りを取りに行くこととなったが、こんな経験も人生初めてだ。兎にも角にも、無事、医院を脱出した。その後、目の調子は良くなったので、ゴミは取れたらしい。このことを家人に話したら、「それって狸に騙されたんじゃないの」と言われた。

数日後、僕はお釣りを取り戻しにその病院を訪れた。自動ドアが開くと、やはり奥の方から「どーなーたーでーすかー」と声がする。「お釣りをもらいにきました」というと、「受付の左の書類の上に封筒があるでしょう。その中にお金が入っているので中身を確かめてくださーい」という返事。お釣りはぴったりと入っていた。礼を言って医院を出たが、結局先生は見ずじまいだ。やっぱり僕は狸に騙されていたのかもしれない。

日傘男子誕生

夏の出張で、炎天下を歩かなければならなくて辟易していたら、同行していた同僚がすっと日傘をさし、「一緒に入りますか」と言ってきた。それが女性だったら「あ、そう」などと言ってにやけ顔がバレないように好意に甘えるところだが、さすがに暑さの中で男同士の相合い傘はむさ苦しい。僕は即答で断ったのだが、それにしても、容赦ない夏の太陽だ。やせ我慢をして日射に無防備で歩きながら、実は僕は日傘をさす同僚が羨ましくて仕方がなかったのだ。

おそらく多くの人は日傘といえば女性を思い浮かべることだろう。着物を着た楚々とした女性が片手に中元を抱え、日傘をさして小股で歩いていく風景というのは（実際にはそんな風景を見たことはないけれど）日本の夏の風物詩だ。また、モネの絵を思い浮かべる人も多いだろう。モネは日傘を持つ女性の絵を何枚も描いている。中でも「散歩、日傘をさす女」が有名だ。晴れた空の下、白いドレスを着た女性が草原に立ち、土手の上からこちらを眺めている。彼女は白い日傘をさしているが、その裏側には草原の緑が反射している。傍らには帽子をかぶった子供の姿だ。

この絵は、モネの妻だったカミーユとの幸福な瞬間を切り取ったものということだが、この絵を見ると、なんだかその幸福な時間が風とともにすっと手の届かぬところに行ってしまいそうな、そんな儚さを感じてしまう。いずれにしても日傘というのは女性の持ち物というのが大方の人が持つイメージだろう。こんなイメージを打ち破って男の僕が日傘を手にする決心をするためには、それなりの理屈をつけなければならない。

実際、日傘というのはどれだけの効果があるのだろうか。紫外線を遮断することで健康や美容への効果もあるけれども、ここでは快適性について考えてみる。ある資料によれば、北緯35・1度の地点（関東）における快晴の8月1日の直達日射量（直射日光の日射量）は大体800W/㎡ということだ。実際には青空からの散乱光のぶんも加算されるけれども、それは無視する。人間の比重が0・83なので、体重60kgの人の熱容量は大体50J/Kだ。人間が太陽から直射日光を受ける面積を30㎝角の平面とし、その面積で日射を全て吸収して熱に変わったとすれば、日光照射だけで人体全体が1時間に1・6度くらい上昇する計算だ。

実際には太陽光が当たるのは体の一部で、しかも表面だから、局所的にもっと大きな温度上昇につながってしまう。そんな温度上昇を抑えるために、大量の汗をかき、また、エネルギーを消費する。それは不快だし、体力を消耗するわけである。だから直射日光を遮断するだけで快適になることは想像に難くない。男が日傘をさすということに対するイメージはともかく、光学的にみてもその機能ははっきりしているのだから、これを使わない手はない。

そう自分に言い聞かせて、僕は日傘を使う決心をした。まずはネットや店先でどんなものがあるのかを調べてみたら、なんと今やメンズ日傘というのが随分と出回っていて、選ぶのに迷ってしまうくらいだということを知って驚いた。結局、僕が手に入れたものは、外側が銀色、内側が黒地のタータンチェックの折りたたみだ。説明によれば、外側が銀色なのは日光を効率よく反射するためであり、内側が黒っぽいのはアスファルトからの照り返しが傘で反射して体を照らすのを防ぐためだという。この、納得感のある設計がうれしいではないか。そして実際に使ってみると、日傘の効果というものが想像していた以上に抜群であることを実感したのである。

夏の徒歩通勤で太陽光に焼かれるジリジリとした不快な暑さがない。日なたを歩いた後にしばらく残る体のほてりが圧倒的に少ない。汗の量だって少なそうだ。はっきり言って、いいことづくめだ。一度体験してしまったら、もう後戻りはできなくなってしまった。かくして、僕は今やいっぱしの日傘男子として夏の日差しに立ち向かうようになったのである。

摩周湖は今日も晴れだった

この夏、久しぶりに北海道の摩周湖に行ってきた。摩周湖は典型的なカルデラ湖のひとつである。摩周湖には、湖畔というものが無く、周囲は絶壁で囲まれているから、摩周湖を見るためにはカルデラの外縁部の高台から見下ろすしかない。大勢の観光客が訪れるのは第一、第三展望台という場所だけれども、今回僕が行ったのは裏摩周展望台という場所だ。こちらはバス便もなく、メインの観光ルートからは随分と遠回りが必要な不便な場所ということもあって、訪れる人は少ない。

僕が行った時は夏休みのシーズンに入っていたにも関わらず、展望台の駐車場には乗用車が数台止まっている程度で、観光地の喧騒は全く無かった。だからと言ってこの場所が摩周湖を見るのにイマイチかといえばそんなことはない。展望台からはすとんと落ちたカルデラに湛えられた深い青い湖面を静かな雰囲気で思う存分眺めることができる穴場なのである。

霧の摩周湖という言葉がある通り、摩周湖は霧が多いことで知られ、それゆえに神秘の湖と言われている。「独身の時に摩周湖が見えると婚期が遅れる」なんていう言い伝えがあるほど見るのが難しいことになっている。実際には、5月から10月の半年間（約１８０日）で1日中湖面が見える日数は１００日程度ということだから、半分以上の確率では見えるわけである。そんなに高い確率で晩婚が増えれば大変なことになってしまいそうな気もするが、統計データがあるわけでは無いのでこの件の真偽は不明である。

摩周湖が神秘の湖と言われる理由は、霧が出やすいことや、昔は行くことも大変だったということに加え、湖面の色が摩周ブルーと言われる独特の青色であることが挙げられる。確かに、展望台から眺める摩周湖はどこまで深いのだろうかと感じてしまう程の青さだ。このような青が出現する理由として、水の透明度が高いことと、水深が深いことが挙げられている。摩周湖はカルデラに水が溜まった巨大な水たまりであり、周りから流れ込む川などが無いことから透明度が高い。水の透明度が高いということは、散乱や吸収の原因となる微粒子が少ないということである。だから、水に入射した光は微粒子の散乱の影響を大きく受けずに、水の中で長い距離を進むことになる。

一方で、水自身は可視光のうち赤い光を吸収する性質を持っている。そのため、数少ない微粒子に散乱されて長い距離を経て再び水面から放射される散乱光は、赤が吸収されてしまった残りの青い光となって出てくるのだ。ちなみに、波長660㎚の赤い光が水の中を15m程度通り抜ければ99％程度吸収されてしまう。とは言っても、もしも水深が5mくらいしかなければ湖底が見えてしまって、緑がかった色になってしまうだろう。でも、摩周湖は切り立った湖岸からいきなり深くなり、その平均水深は137・5mとのことだから、赤はほぼ完璧に吸収されて青い光だけが見えているのだ。

これに加えて、高いところから見下ろすことも青が発色する理由のひとつだと僕は睨んでいる。空の反射の色は湖面の色に大きく関わる。摩周湖の場合でも、曇り空の下ではさすがに遠くの湖面の青は薄れはするけれども、眼下の湖面はしっかりと青だ。水面での光の反射率は、湖面に入射する光の角度が浅いほど高くなる。摩周湖の場合には、展望台はどこも湖面から200m程高い場所にあり、比較的深い角度で湖面を眺めるので、湖畔から眺める湖に比べて空の光の反射率は低い。その分、空の反射の影響が比較的小さく、いつ見ても青い湖面が見えるのだろう。おそらく、摩周湖の湖畔まで降りることができて、そこから湖を見ることができたとしたら、ここまで青い色は見えないのではないかと思う。

ところで、僕が摩周湖を訪れたのは今回で5回目。全て晴れて湖面が見えた。たとえ一回に見える確率が55％くらいだとしても、5回全て晴れる確率は5％だ。こと摩周湖に関しては、僕は幸運な人間だと言って良いのかもしれないけれど、本当のことを言えば一度くらいは霧の摩周湖というものを見てみたい気分なのである。

ボックスカメラの空洞

ポーランドの古都クラクフでは、毎週日曜日に蚤の市が開かれる。旧市街から少し歩いた場所のアーケードとそれを囲む広場に、多くのにわか店舗が出現する。古本、食器、服、家具などアンティークの他、電化製品、家のガラクタを持ってきて並べている人や、中にはどうみてもゴミ箱から漁ってきたと思われる物をうず高く積んでいる人もいたりする。店主たちは、黙ってじっと座っていたり、タバコをふかしていたり、何かを食べていたり、客そっちのけで友人と会話していたりと様々だ。それらの店の間を多くの人たちが行き来して、真剣に品定めをしている。

そんなごった煮状態の中を歩いていたら、アンティークなカメラを並べている店を見つけた。テーブルの上には1900年代前半のスプリングカメラやボックスカメラが並べられている。スプリングカメラというのは、レンズがボディに収納されていて、撮影時にはそれが蛇腹とともに飛び出すタイプのものだ。レンズを畳むとコンパクトになるため、持ち歩きの高級カメラとして一世を風靡した。一方でボックスカメラは、その名の通りただの四角い箱にレンズがついているだけのシンプルな構造のカメラである。箱とは言っても両手で持ってちょうど良いくらいの手頃なサイズで、レンズは単玉、メカ機構は最少なので、とにかく軽い。性能や機械の精密性など、圧倒的にスプリングカメラの方が価値は高いのだが、僕はその店に5台ほど並んでいたボックスカメラ、中でも最もボロそうな1台が気になってしまった。店のおやじに値段を聞いてみると、30ズウォーチ（ズウォーチはポーランドの通貨）。「もっと安くならないの？」と聞いてみると、「これ以上はだめ。でも5台まとめて買えば120ズウォーチにしてあげるよ。」とニコニコとしている。欲しいものは1台だけだったので、僕は最初の言い値の通り30ズウォーチで手を打つことにした。ちなみに、1ズウォーチのその時のレートが28円くらいだから、カメラの値段は1000円以下である。

僕が買ったのはAGFA-ANSCO社製のSHUR-FLASHというカメラだ。1930年代のものらしい。レンズがはめられた前面パネルやフレーム、そしてフイルム巻き上げのネジなどの金属部分は塗装がはげかけ、所々サビが浮いている。側面を覆う黒いレザーは、片側の下の部分がすり減っていて、随分と使い込まれた感じだ。ファインダーはカメラの右側面に、カメラの後面から前面に長く伸びるスティック状のものがとってつけたようにくっついている。覗いてみれば、多少曇って入るけれども視界は十分だ。蓋を開けると、120フィルム(ブローニ判フィルム)の装填ユニットを取り出すことができる。巻き上げ機構は問題ない。本体側面にあるシャッターはしっかりと動作する。ボックスカメラというのは暗箱にレンズとシャッターをつけただけのシンプルな構造だから、それほど手入れがされていなくてもカメラとして機能は保たれているのだろう。このカメラにフイルム入れて実際に撮影したらどんな写真が出来上がるのか、結構楽しみにしているのだ。

ところで、1930年代といえば、1929年に起きた世界大恐慌を引きずった不穏な年代だ。1939年、ポーランドはナチスドイツに国を侵攻され、それが原因で第二次世界大戦が勃発。さらにはソビエト連邦(今のロシア)からも侵攻を受け、その後アウシュビッツに代表されるナチスの大虐殺や終戦によるドイツからの開放、そしてソビエトによる社会主義国化をたどる1940年代へと繋がっていく。僕が手に入れたボックスカメラの主は、おそらくそれらの時代を撮り続けてきたにちがいない。箱の中にはAGFA FILMと記されたフイルムの芯が残るのみで、どんな光景が写されてきたか、今ではわからない。でも、このカメラの箱の空洞には、数奇な時代の記憶が潜像として残されているようで、そんな気配に僕はシンパシーを感じてしまったようだ。

魔鏡魔境

ふと目にしたチラシに、鎌倉歴史文化交流館というところで行われている「和鏡～水鏡から魔鏡まで」という企画展の案内が出ていた。土曜日限定で専門家による魔鏡のデモがあるという。これは見逃す訳にはいかないと、僕は愛車のスーパーカブ110㏄を駆って土曜の湘南の渋滞をすり抜けて鎌倉を訪れたのである。

企画展では、鉢に水をはった水鏡、大陸から伝わった前漢時代の銅鏡に続き、それが日本独自の様式にアレンジされて平安時代に確立された「和鏡」、そしてそれが信仰対象から実用品へと変遷し、江戸時代に至るまでの歴史が見られる配置となっていて、その最後のコーナーに魔鏡が展示されていた。

魔鏡というのは、一見ただの鏡なのだが、太陽光などの光を反射投影すると、反射光の中に肉眼では見えなかった像が出現するというものだ。「魔鏡」という言葉からは、なんだか呪いにかけられているような、どちらかと言えば「闇のもの」という印象を受ける。実際、「魔」というのは仏教の「マーラ：修行を妨げるもの」が語源であり、人を殺したり善行を妨げる悪いものという意味として使われる言葉なのだ。しかし、実際に魔鏡で出現させていたものは、阿弥陀様だとかマリア様だとかのありがたい姿であって、敬虔な祈りの対象に使われていたらしい。だったら「霊鏡」とか「仏鏡」とか「神鏡」とか、もっとありがたそうな名前にしておけばよかったのにと思ってしまう。実際には、明治時代に日本にやってきた外国人が「Japanese magic mirror」と名付けたのが和訳されて「魔鏡」になったらしい。それでは、それ以前の日本人は魔鏡のことを何と呼んでいたのか、気にかかるところだ。

魔鏡の作り方は次のとおりだ。まず、鏡裏面の文様を青銅の鋳造で作る。この文様は1㎜くらいの高さの凹凸パターンだ。次に、反対側の鏡面を、文様の凹部である薄肉部が1～2㎜の薄さになるまで徹底的に磨くと、裏面の文様パターンが表の鏡面の反射光に現れる魔鏡になる。この作り方によってなぜ魔鏡現象が起こるのか原理が解明されたのは20世紀も終盤に入ってからのことである。精密な測定により、文様の厚肉部では、薄肉部に対して鏡面が0・3~1㎜程度窪んでいることがわかっている。この、わずかな凹凸が鏡面で反射する光線の向きにばらつきを与え、それが反射像の中のパターンとして現れるのだ。鏡面に凹凸ができる原理は以下のとおりだ。鏡が薄くなるまで研磨していくときの押し込む力によって、薄肉の部分はたわむけれども厚肉の部分はたわまないため、逃げの無い厚肉の部分は余計に研磨される。磨き終わって押し込む力が無くなった時に、薄肉部のたわみが解消され、その部分は厚肉部よりも飛び出す。これに加えて文様の鋳造の時に生じる、厚肉部と薄肉部での内部応力の分布によってさらに凹凸が大きくなるという。(応用物理　第61巻　第6号(1992)p600)。名前には魔法がかかっているけれども、実際には魔鏡は物理現象として理にかなっているのである。そんな原理を知っているからと言って魔鏡の神秘はなくなるものではない。待ちわびていた魔境の実演で壁に映し出された阿弥陀様の神々しさに、僕は思わず「オー」っと声を上げてしまったのである。

さて、「和鏡~水鏡から魔鏡まで」では、魔鏡の一つ手前の展示は江戸時代の庶民の生活に溶け込んだ鏡だ。そこでは、鏡が実用品として使われていた風景の一つとして、長喜という絵師が描いた「青楼後朝雨」という浮世絵が紹介されていた。その絵には、鏡の前で身繕いをする女性とともに、気怠そうな顔で煙管を吸っていたり、疲れて床の上に俯したまま寝てしまっている女性たちが描かれている。後朝(きぬぎぬ)というのは男女の営みの翌朝のことである。青楼というのはおそらく江戸の「魔境」吉原であろう。もちろん光屋としては「魔鏡」の真理に興味があるのだけれど、一方で「魔境」の真実のほうもなんだか気になって妄想が膨らんでしまったのであった。

内視鏡こわい

まだ社会人になって間もない20代の頃、同期と酒を飲んだ翌日、二日酔でムカムカしながら咳をしたら、ほんの少しだけれども口を抑えたティッシュに血がついていた。慌てて病院に行ったら、後日、内視鏡で胃の検査をすることになった。検査当日、ドキドキしながらベッドに横たわった僕の口に医者が内視鏡を近づけると、まだ口に入ってもいないのに僕はオエっとしてしまう。これではいかんと、深呼吸をして決心するのだが、やっぱりだめだ。そんなことが何度か続いたら、医者が怒り出した。「君の前に検査した女子高生の方が度胸が座っていたぞ。」結局、僕は目隠しをされ、ほぼ不意打ち状態で内視鏡を胃に突っ込まれたのだった。幸い、胃は何事もなく、どうも大酒を飲んで騒ぎすぎで喉が荒れた状態になり、喉の一部から出血したのだろうという結論になった。結果オーライだったけれども、内視鏡が入っている時の胃がほじくりかえされるような苦痛は想像通りのもので、もう内視鏡なんて絶対に飲まないぞと、その時には心に決めたのだった。

それから年月は過ぎ、成人病年齢になると、会社の健康診断では胃の内視鏡検査が必須となった。20代の頃の決心はあえなく崩され、今では僕は毎年内視鏡を飲んでいる。実は最近の内視鏡は随分楽になっている。内視鏡そのものも細くしなやかになったし、僕のような過敏な人間には鎮静剤を打ってくれて、ボーッとしている間に検査が終わってしまう。技術の進歩は本当にありがたい。

内視鏡というのは、ただ覗くだけで良いというものではない。体内を観測するためには、暗闇を照らす照明が必須だ。細くて、決して真直ぐとはいえない経路を通して照明光を導くことと、そこを克明に観測することの両立は、考えてみれば随分困難なことのように感じてしまう。

内視鏡の歴史を調べてみると、なんと紀元前にはそれらしいものがあったらしい。当時の人たちは馬に乗るために痔主が多く、その治療のためにお尻から中を覗きながら患部を焼く器具があったという。電気も無い時代に、一体どのような器具で何を照明にして施術したのだろうか。おそらく、現在と比べると相当野蛮なものであったことは想像に難くない。胃を観察する内視鏡は19世紀に実験器具として登場したらしいが、それは棒のような物を口から胃までまっすぐに通すもので、とても実用的とは言えない代物だった。どう考えても病気を見つけるよりも体を破壊する確率の方が高そうだ。

実用化されている現代の診断用の内視鏡は軟性鏡と呼ばれる、クネクネと曲げられるものだ。外から光ファイバを通して照明光を効率的に内部に導き、内視鏡先端に取付けられた撮像素子によって、胃の内部をリアルタイムで高画質に観測することが可能だ。照明の色を変えることで、見たい画像のコントラストを変えて観察こともできる。さらに、処置具と呼ばれる器具をあの内視鏡のクネクネした管に通し、小さい病変を切り取ることだって可能だ。内視鏡といえば、光ファイバの太い束、というイメージが強いが、それは随分昔の話で、今や光学系も含めて高性能のビデオカメラを搭載した精密映像機器なのである。

さて、器具としては随分と進歩した内視鏡ではあるけれども、今だって内視鏡診断の直前は鬱々とした気分だ。前日夜からの絶食は食いしん坊の僕にとっては大いなるストレスだ。大腸内視鏡などは、腸をきれいにするために、半日かけて腸の洗浄液を飲み続けなければならない。これって、やってみると結構な苦行なのである。内視鏡検査は挿入前の準備が結構辛い作業なのだ。逆にいえば、今やそれくらい内視鏡の施術そのものは楽になったということだろうか。何はともあれ、内視鏡が普及したおかげで早期発見が進み、胃がん、大腸がんは治る病気になった。そういう意味では、内視鏡は人類に最も貢献した光学機器の一つと言っても良いだろう。

神秘なるプリズム

子供の頃、友達のお兄さんがプリズムというものを持ってきて、僕たちに見せてくれた。僕には、それはガラスの塊をえいやと叩きつけて割れ落ちた、ただのかけらのように見えた。しかし、そのかけらの中を覗いてみると、見えるはずのない予想外の角度の景色が少し虹色に滲んで広がっていた。その景色がなんであったか、今では覚えてはいないが、ガラスのかけらの中に異次元の世界が広がっているように感じたその時の不思議な感覚は忘れない。それ以来、プリズムは僕にとって気になる存在になった。でも、虫眼鏡のように手軽に手に入るものでもない。その時の驚きと、少し遠い存在ということで、僕の中でプリズムは神秘を帯びたものとなっていた。

プリズムといえば、ニュートンの太陽光の分光実験を思い浮かべる人は多いだろう。1665年、ロンドンが欧州で何度目かのペスト感染の流行に見舞われた時に、ケンブリッジ大学もこの煽りを受け、一時閉鎖されることになった。その年に大学を卒業し、ケンブリッジにとどまって研究を続けていたニュートンも、故郷に戻っての避難生活を余儀なくされた。故郷に閉じこもっていた1年半の間に、ニュートンは微積分を発明し、万有引力を発見し、そしてプリズムによって太陽の光を7色に分解した。ニュートンが有名になるには、その後、まだ年月を要したが、彼の多岐にわたる業績のエッセンスが生み出されたこの避難生活の1年半は、「驚異の年」などと呼ばれている。

プリズムによって太陽光に色がつくことは、ニュートンよりもずっと以前から知られていた。ニュートンの凄いところは、巧妙かつ丹念な実験によって、プリズムによって太陽光に色がつくのではなく、太陽光を分解すると様々な色に分かれ、そしてそれらの色はそれ以上は分かれないということを発見したことである。それまで、色というものが光と影の調合によって生じると考えられていたのを、色は単色の重ね合わせであるということを発見したことは革命的であった。

それにしても、太陽光の分解という歴史的な実験が単なるガラスのかけら、プリズムだけで出来たということは、考えてみれば科学にとっては幸運なことだ。もしも、分光のために大掛かりな実験装置が必要だったとしたら、ニュートンの発見はなく、光の科学の発展は随分と遅れていたかもしれない。プリズム自体はニュートンのずっと以前から存在していた。すでにプリズム（prism）という呼び名もあった。ニュートン以前の人たちにとっては、太陽の光に色をつけるプリズムのことを、神秘的に感じていたにちがいない。だから、僕がその呼び名「Prism」の語源には、さぞかし畏敬の念が込められていると考えたとしても異論はあるまい。ということで、prismの語源を調べて見た。幾つかの文献によると、「prism」の語源はギリシア語の「prizma」。意味は「のこぎりで切られた木材」「角柱」である。極めて陳腐で、神秘性のかけらもないではないか。mirror（鏡）の語源が「mir-驚く」であることと比べると、同じ光学素子でも随分と名前の付け方が軽々しいのである。もっとも、レンズだってレンズ豆の形に似ているからという理由で付けられているから、鏡と違って日常生活に直接関係のないものに対する思い入れって、その程度なのかもしれない。

さて、僕にとって神秘なる存在であったプリズムも、光技術に携わる今では実験室に転がっている光学部品の一つだ。だけれども、レンズやミラーと比べると、プリズムは特別な存在だ。理屈はわかっているけれども、屈折や反射によって、虹や思わぬ景色が繰り広げられるプリズムをいじっていると、飽きることはない。プリズムはレンズのような曲面が付いているわけではなく、ミラーのような反射層が設けられているわけでもない。ただのガラスのかけらである。でも、「のこぎりで切られた木材」程度の語源をもつガラスのかけらが科学を大きく変えた実験の主役であったなんて、痛快極まりないのである。

写真—真を写す?—

自宅の僕の部屋の片隅に日本の有名な靴メーカーR社の紙箱がある。箱の中には、僕が大学生だった頃の写真が放り込まれている。僕は時々箱を開けて何枚かの写真を眺めてみる。浦島太郎は玉手箱を開けた瞬間に老人になってしまったが、僕がその箱を開けるときには、ほんのひと時、大学生の頃に戻ることができるのだ。キャンパスの芝生の上で、春の陽光を浴びながら腕を振り上げたり何か叫びながら、こちらを見て笑っている仲間や自分の写真を見ていると、当時の溌剌とした熱気が甦って来る。色が少し褪せた写真を見ながら、あの頃、確かに僕たちの青春時代が存在していたのだと確信するのだ。

写真が発明されたのはヨーロッパで、初期にはPhotogenic drawingと呼ばれていた。「光による描画」くらいの意味だろうか。写真が発明される以前から、ピンホールやレンズで創り出される光の実像を壁やスクリーンに映し出すカメラ・オブスキュラという装置が存在していた。そこに映し出される実像を筆でなぞりながら正確な写生をする装置である。19世紀になって、光を感じて濃淡が生じる感光材料が発明され、カメラ・オブスキュラと組みわせて、人が筆を使うことなく、自然現象によって光の実像を記録できるようになった。ダゲレオタイプと呼ばれる装置だ。この装置を用いて写真を撮影する技術がPhotogenic drawingである。やがて、その言葉はPhotographyにとって代わられた。「光の画」という意味だ。考えてみれば、drawingというのは人が描くという行為だけれども、graphの場合には、記録するという意味合いが強いから、人の力ではなく自然現象によって光の像を記録するという写真を表す言葉としてPhotographyは非常にしっくりと来る。Photographyという言葉は、しばしばPhotoと略して呼ばれることもある。日本でも、○○フォトサロンなんていう言葉が使われる。いうまでもなくphotoは光のことだ。写真は、まさに光を固定したものと言って良いだろう。

さて、日本語の「写真」という言葉は、その字の通りに受け止めれば「真を写す」という、なんだか意味深な言葉だ。僕たちは何の疑問も感じることなく、「写真」という言葉を使っている。光の画を表すPhotographyが何故、「写真」になってしまったのか、少し気にかかるところだ。諸説あるのだけれども、その昔、日本では肖像のことを「写真」と呼んでいたらしい。手で描く肖像も、できるだけ本人を再現するように描かれたはずなので、それで「写真」と言われていたのだろう。異国から初期のカメラであるダゲレオタイプがもたらされた時、おそらく人物が主な被写体だったのだろう。それまで、手描きによる写真（肖像）しか知らなかった日本人にとって、それはさぞ驚きだったに違いない。「おー、これこそ真を写す、まさに写真じゃ」と誰かが言ったかどうかはわからないけれども、その時以来、日本では写真という言葉が定着して今に至るのである。

よく、日本語の「写真」という言葉は、Photographyの意味とは異なるため、日本の写真に対する想いが他国とは異なっているのではないかという議論がある。でも、本当にそうだろうか。映画「バック・トゥー・ザ・フューチャー」では、タイムマシンで迷い込んだ過去で、自分の両親の出会いに影響を与えてしまった際に、胸にしまってあった家族写真の自分の姿がだんだん消えていくというシーンがある。こんなシーンを見ると、写真は真を写すものという認識は世界共通なのではないかと僕は思ってしまう。

とはいえ、今や写真はデジタルの時代だ。一度撮った写真を人為的に書き換えることは今では素人だってできるようになった。写真を撮るツールの主役はカメラからスマホなどの情報端末となり、そこには複眼カメラとともに3次元センサが搭載され、焦点位置やボケ具合など、今までは光学的に厳然と決められていたものが、写真を撮った後から自由に決められるようになった。もはや、写真は真を写すものではなくなっているのだ。そんな時代に、人々の写真に対する想いがどう変わっていくのか、僕は興味津々なのである。

雷様になりたい

雷様になってみたいと思う時がある。裸ん坊に虎のパンツを履いて、頭には取ってつけたような角だ。背中に背負った太鼓をひとたび叩けば、雷鳴轟き、稲妻が走り、下界では「くわばら、くわばら！」とか「へそ隠せ」などと叫びながら人々が右往左往するのだ。ひとしきり暴れた後に一弓の虹でもかけて見せれば、先ほどまでは雷をあんなに恐れていた人たちが、「夕立のあとは爽やかでいいね」などと、感激してくれるだろう。雷様は日本の神の序列の中では責任がある立場ではないから、気楽なものだ。ちょっと気が向いた時にひと暴れしてやれば良いのである。いつのことだったか、上野の博物館で見た俵屋宗達の「風神雷神屏風絵」に描かれていた雷神だって、なんと楽しそうな顔をしていたことか。

雷様にしてみれば、気ままにひと暴れしていれば良いのだけれども、地上の人間からすればたまったものではない。科学的好奇心だけではなく、身を守る手段を知るためにも、雷についてはずいぶんと研究がされてきた。雷は大気中での放電現象である。強い上昇気流は雲を形成し、雲の中の水滴や氷の粒同士の衝突によって静電気が発生する。水滴や氷粒の分布は高度によって異なり、それが電位差発生の原因にもなる。雲の中での電位差、あるいは雲と地上との電位差によって発生する放電現象が雷である。放電が起こると、その経路は一瞬にして数万度も温度が上昇し、それによって空気が音速を超えて急膨張する。この時の破裂音がバリバリという雷鳴である。この音が遠くまで伝わると鋭い高周波は減衰し、低周波の音が残り、それがゴロゴロという音になるのだ。

雷は音とともに、光の饗宴でもある。雷の光のことを稲妻という。雷が起きている最中に、稲妻を落ち着いてじっくりと観察するほど余裕はないけれど、印象からすると、稲妻の色は青味のかかった白色である。実際のところ、稲妻って何色なのだろうか。稲妻が走っている経路の温度は2～3万度ということだ。太陽光の色温度が大体5300度くらい。青空の色温度が12000度くらいだから、それよりも高温の稲妻からは、紫外より短い波長から赤外線までが混ざる紫がかった白色光ということになる。これに、放電によって電離した分子の発光スペクトルも加わる。雷で生じる強烈な電圧は、水素、酸素、窒素、アルゴンなどの原子中の電子を弾き出し、イオン化する。弾き出された電子は自由電子となるが、それが再度、原子に戻るときに光を放出する。これらの光は赤から近赤外の領域での鋭いスペクトルとなる。実際には、雷の物凄いエネルギーにより、x線やガンマ線などの放射線も放出されているし、電波に影響を与えることからも分かるとおり、長波長の電波も発生する。要するに、ありとあらゆる波長の光が出ているということだ。波長域が広く、しかも高エネルギーということで、稲妻の見た目の印象の青味がかった白色というのはほぼ正しいのかもしれない。たまに、雲の中で光る雷が赤い光として見えることがあるが、それは、雲の中の水蒸気や氷の粒の散乱や吸収によるものだ。

ところで、稲妻からは波長の短い光もいっぱい出ているのならば、その光で蛍光体を光らせれば、稲妻の光もさぞかし華やかなものになるだろう。例えば白色LEDで用いられているような、紫外線で光る蛍光体を用意すれば、赤、緑、青などの光を発生させることができる。雷様が背中の太鼓を叩きながら、花咲爺さんのように各種蛍光体の粉をパーっとばら撒巻けば、稲妻がフルカラーに色付くのだ。雷雨の中は、まるでミラーボールで照らされたようなカラフルな閃光と大音響で、妖しいナイトクラブのような様相だ。少しクレイジーな地上の人たちは、「KUWABARA！KUWABARA！」などと叫びながら踊りだすかもしれない。天地一体となった一大イベントである。やがて、そんな宴の時も過ぎ去って天空に虹をかける時、雷様は一抹の寂しさを感じるのだろうか。雷様は孤独なのである。

テニスボールって何色？

つい数年前、テニスボールの色について一つの論争が巻き起こった。あるユーチューバーが、ネット上で「テニスボールは何色に見える？」と問いかけたのである。ヘボ週末テニスプレーヤーとして数十年のキャリアを誇る僕は、テニスボールは黄色いものだということに全く疑いを持っていなかった。しかし、この問いかけに対して、なんと52％の人たちが緑と答えたのだ。黄色と答えたのが42％、その他の色と答えたのが6％だ。多くの人が緑と感じているなんていうことは、にわかには信じられない。試しに僕の身の回りの人たちに聞いてみると、確かに緑とか黄緑と答える人の割合が多いので、これまたびっくりだ。この論争にけりをつけたのは、テニスのレジェンド、フェデラーである。記者からこの質問を受けた彼は「それは黄色だろ」と答えた。この一言でテニスボールの色は黄色に決着したというから、やはりフェデラーは神様である。しかし、だからと言ってテニスボールを緑色に感じていた人が急に黄色と感じるなんていうこともないだろう。人間の感覚というのは、一筋縄ではいかない。それにしても、その他の色6％って、何色なんだろうということも気に掛かる。

テニスボールの色は公式には黄色ということになっている。僕が使っているテニスボールの缶には、確かに「Yellow Tennis Balls」と印字してある。なぜ、テニスボールって黄色なんだろう。そこには、テレビ放送が関係している。もともとテニスボールは白だった。それは、芝、クレー、赤土など、濃色系のコートで白は視認しやすいという理由からである。しかし、カラー放送が始まると、試合が進むにつれ薄汚れてくるテニスボールの見栄えが悪いという視聴者の意見が多くなってきたようだ。そこで、国際テニス連盟がテレビ映りが良い色の研究を重ねた結果、蛍光イエロー（Optics yellow）が良いということになり、１９７０年代前半からこの色のボールが使い始められた。最も保守的なグランドスラムとして、最後まで白いボールにこだわったウィンブルドンが

1986年に黄色のボールを採用したことで、世界中でテニスボールといえば黄色ということに統一されたのである。これだけを見れば、うーむ、やっぱりテレビの商業主義か、と思ってしまう。

しかし、実は黄色いボールはプレイヤーにとっても大きなメリットをもたらしたのであった。まず、緑、青、茶、赤など、様々な色のテニスコート上で黄色はくっきりと目立つ。また、多少薄汚れても視認性はそれほど変わらない。これは、おそらくボールの地の色と土の色の色相が異なっているため、多少汚れがついたとしても、土とのコントラストが保たれるためと思われる。さらに、プレイヤーにとってもっと大きなメリットがある。目のレンズである水晶体は、波長の長い赤と波長の短い青では、赤に対しての方が屈折率が高いという性質を持っている。この関係で、赤い物体は実際よりもより近づいて見えてしまう。だから、もしテニスボールが赤だったら、ボールが近づいたと勘違いして、ラケットを出すタイミングが早くなりすぎてしまう。一方、青のボールだと、今度は実際よりも遠く見えるので、ラケットを出すタイミングが遅くなってしまう。僕たちの脳は、赤と青の中間色である黄色で距離を測るようになっている。だから、黄色ボールだと、脳の中で余計な修正処理を加えなくても、適切なタイミングでラケットを振ることができるのである。国際テニス連盟がそこまで研究したかどうかは知らないけれども、結果オーライ。僕たちは微妙な感覚のズレに惑わされることなく、テニスができるのだ。

テニスを楽しむ多くの人たちは、そんなことは知らずに黄色いボールを使い続けていることだろう。もしも僕が自慢げにボールの色についての蘊蓄を披露したら、一応は、「なるほど」と面白がってくれるだろう。でも、さらに、こう言われるに決まっているのだ。「そんなことより、テニスもっと練習したほうがいいんじゃない?」。おっしゃる通りなのである。

雪女の謎

夜中に顔に冷気を感じて目が覚めた。冬だと言うのに、窓を閉め忘れて寝てしまったようだ。薄暗い部屋の中で、僕はふと雪女を思い浮かべていた。

ラフカディオ・ハーン（小泉八雲）によると、雪女は吹雪と共に現れ、凍えている者に追い討ちをかけるように白い煙のような息を吹きかけて凍死させてしまう恐ろしい存在である。それでいて、若い巳之吉のことは「喋ったら殺す」と言う条件をつけながらも助けてしまう。その理由は、巳之吉がイケメンだからということである。そんな俗っぽさがあるから、雪女は他の妖怪とは少し異なる魅力があるように感じる。しかも、かなりの美人らしい。ふっと息を吹きかけようとしてきたら、いろんな意味でドキドキしてしまいそうだ。ちなみに、巳之吉は雪女が彼の顔に触れるくらいに顔を近づけ、まさに殺されるかもしれないというそのときに「雪女がたいそう美しいことに気がついた」と言うことだから、なかなかの強者なのである。後日、雪女は「お雪」という名の娘に成り済まして巳之吉に接近して結婚し、二人は10人の子供をもうけるほど仲良く幸せに暮らしていた。しかし、ある夜、巳之吉がふと吹雪の夜のことを喋ってしまったため、雪女は正体を現し、そして溶けて水になって最後は白い霧になって消えてしまったのである。その際に、雪女は子供たちがいるから今度も巳之吉は殺さないでおく、と言い捨てていくのだが、本当は雪女はまだ巳之吉に惚れていて、殺す気は全くなかったのではないかと僕は睨んでいる。

さて、吹雪の夜の雪女は「白い女」と表現されているのだが、雪の妖怪であることを考えれば、本当に真っ白だったに違いない。雪と言うのは細かな氷の結晶でできている。純粋な水の水蒸気が凍ってできた結晶は光の吸収がほとんど無く、無色である。無色な微粒子の集団は、可視域の全ての波長の光を満遍なく散乱する。これは、まさに白の発生の原理だ。超常の存在である雪女が雪と同じ白さだったとしても、違和感は感じないだろう。しかし、その後の人間の娘に成り済ましたお雪ではどうだろう。八雲によると、お雪は色白のたいそう美しい娘だったらしい。色白とは言っても、もしも雪のように真っ白だったとしたら人間の世界ではすこぶる不気味だ。「美しい」と感じるからには、健康な肌色でなければならない。人間の肌の中には毛細血管が張り巡らされていて、透き通るような白い肌ほど血液の色が肌をうっすらと赤く染めるのである。僕たち人間は、それが健康な証だと知っている。だから、美しいと感じるためには、肌の赤みが必要なのである。お雪は誰から見ても魅力的な女性だと言うことだから、白いとは言っても健康的な赤みがさしたキメの細かい肌の持ち主だったと想像するのである。雪からできていた雪女がどんな仕掛けで健康的な肌色を演出していたのであろうか。これは大いなる謎なのだ。さらにいえば、巳之吉がタブーを破って喋ってしまったとき、雪女は「白い霧」となって出て行ってしまったと言うことだから、それまで湛えていた程よい赤みはどこへ消えてしまったのだろうと、これまた大変に気になるのであるが、今のところ僕にはその原理が説明できない。

ところで、殺人鬼のように思われる雪女だけれども、実は凍死させてしまったのは茂作ただ一人である。それだって、もしかしたら雪女が息を吹きかける前に、すでに凍え死んでいた可能性もある。だとすると、実は雪女は、人を殺すこともない、ただの男好きな女性なのではないかと言う疑惑が湧いてくる。いや、きっとそうに違いないと、妄想が膨れ上がるのだ。だとすると、雪女が自分の上にかがみ込んで顔が触れんばかりに顔を近づけてくると言うのは、なんと言うか、それは大変魅力的な瞬間にさえ思える。なんだか雪女に会ってみたくなってきたが、冷静に考えれば、イケメンでもなく若くも無い僕の場合、ふっと一息で瞬殺されるか無視されるか、どちらにしてもあまり嬉しいことは起こりそうも無い。

トイレに咲いた赤い薔薇

家のトイレの窓際に、透明な小瓶に挿した一輪の赤い薔薇が咲いていた。北側窓から差し込む柔らかい光を受けて、まるで微笑みかけてくるように佇むその薔薇に、僕はつい見惚れてしまった。薔薇の花は、先端がくるっと外側にカールしている花びらが幾重にも重なっている。外に向かっては物言いたげに開いているけれども、花芯はしっかりと包み隠している。人生を経験しながらも奥ゆかしさを忘れていない、上質な大人の雰囲気というのだろうか。赤い薔薇には、発色にも深みのある神秘的な気配を感じる。よく観察してみると、花びらはビロードのようなグラデーションを発していることがわかる。花びらのカールしているあたりに注目すると、ある角度の部分は真紅なのだけれども、花びらの奥の方や最先端のあたりは生毛の柔らかい反射のような、少し白味のかかった色になっていて、さらに奥の方は暗く黒ずんでいるようにも見える。こういう花びらの複雑なグラデーションと、花びらが幾重にも重なることによって生じる陰影との絶妙なバランスが、神秘的な風合が生んでいるようだ。それにしても、光屋としてはこのグラデーションがどのような原理で生じているのか気になるところである。

薔薇の花びら一枚の構造は4層となっていて、最表面から上面表皮細胞、柵状組織、海綿状組織、下面表皮細胞となっている。上面表皮細胞は、上に向かって半球形状をした細胞が並んでいる層である。この層には青や緑の光を吸収して赤い色を発色するアントシアニン色素が多く含まれる。その下の柵状組織は、ほぼ平面状に整った細胞が並ぶ層だ。さらにその下の海綿状組織は、スカスカの海綿のような構造である。そして最下層（花びらの裏面）は柵状組織と同様、小さめの細胞が均一に並んだ層となっている。薔薇の花びらに入射した光の一部は、最上面の上面表皮細胞と空気との界面で反射され、様々な方向に散乱される。この光は花びらの内部に入ることなく散乱されているので、色は着かない。ここで反射されずに細胞内部に侵入した光の一部は、上面表皮細胞に含まれるアントシアニンによって赤い光となり、柵状細胞との界面で反射される。この界面は比較的均一で平らなので、光は正反射され、再度、上面表皮細胞を通って外に出ていく。柵状細胞から海綿状組織に侵入した光は、スカスカな海綿状組織で様々な方向に散乱された後に再度上層を通って花びらの表面から赤い光となって飛び出す。すなわち、赤い薔薇の花びらの表側に見える光は、発色の無い散乱光、赤い正反射光、赤い散乱光が入り混じったものとなる。光が正反射する方向から薔薇の花びらを見ると、赤い正反射光と赤い散乱光が足されて赤が強い光となり、発色の無い散乱光は目立たない。このため、ここからは真紅に見える。一方、赤い正反射光が来ない方向から見ると、赤い散乱光に比べて、着色の無い散乱光の割合が大きくなるため、感覚的には白っぽく見えるのである。さらに、花びらの奥の方から来る光は、全光量が小さいので、暗く黒ずんだように見えるのだろう。花びらが外側にカールしているから、どこから見ても必ず光のグラデーションは見える。このような、花びらのミクロな構造とマクロな形状が相まって生じる配光と、花びらが幾重にも重なることで生じる陰影が、あの赤い薔薇の神秘的な雰囲気を作り出しているのである。

ところで、赤い薔薇の花言葉は、「情熱」「I love you」「熱烈な恋」など、かなり濃い目の意味を持つ。そして、薔薇の場合には本数によっても花言葉が違うらしい。例えば1本の場合には「一目惚れ」2本の場合には「この世に二人だけ」という感じで、これでもかというくらい濃密な花言葉が花の本数に応じて延々と続くのだ。だから、赤い薔薇の花を誰かに贈るというときには、贈る側にも贈られる側にも覚悟が必要だ。赤い薔薇を気軽に扱ってはならないのである。かくいう僕は、トイレの窓際に一人佇む薔薇の花に一目惚れをしてしまったらしい。

白の効能

昨年末、外出先で我が家の車がガガガという音とともに突然動かなくなった。今時珍しいマニュアル四駆ターボの車を、僕はまだまだ乗り続けるつもりだった。しかし、レッカー車で運ばれた先の整備工場で調べてみると、クラッチが砕け散っていて、その破片がトランスミッションに突き刺さっていた。交換部品は今や製造されておらず、中古部品をかき集めて修理をすると100万円近くかかるという。僕は泣く泣くその車を廃車にする決断をした。そして、圧倒的に売り手有利な状況の中で新車購入の商談に臨んだのだった。車種はすぐに決まった。色は赤と決めていた。しかし、こちらから希望の色をいう前に、セールスマンがこう言った。「白がお勧めなんです。この車だけの特別な白ですから」。「特別」に弱い僕は実物を見ることもなく、「それにします」と、迂闊にも即決してしまったのだった。

一ヶ月ほど経って新車がやって来た。初対面の車の色は陶器のようにソリッドな真っ白さだ。最近の日本車の白は、パールが入っているために色合いが本来の白ではなく、少し黄味や赤味が入ってキラキラしているものがほとんどだ。だからソリッドな白は新鮮で、この色にして良かったと感じた。そうは言っても、日本で売れている車の39%が白ということだから、なんだかつまらないな、という心理も働く。なかなか複雑な思いなのである。

さて、白い車に乗り始めて感じたのは、なんといっても傷が気にならないということだ。前に乗っていた車は黒だった。黒い車はとても傷が目立つ。服のボタンがボディーと擦れただけでも傷がつく。丁寧に洗車したつもりでも、いつの間にか細かい傷がついている。黒い車を買ったばかりの頃は、日々、今日も傷がついてしまったと、がっかりの連続だった。これに対して、白い車は服が擦れたくらいでは傷がつかない。洗車機を使ってもへっちゃらだからとても楽なのだ。

それにしても、ボディーの色によって傷のつき方がなぜこんなに異なるのだろうか。実際には、傷のつきやすさはどちらも同じだけれども、傷の目立ち方が違うのだ。例えば車のボディーに傷があったとする。傷の部分は表面が微細な凹凸形状になっていて光を散乱する。この、散乱光が傷として見える。ただし、人間が感じるのは散乱光の絶対量ではなく、もともとの（傷のない部分の）反射光量に対する散乱光量の割合なのである。これはウェーバーの法則というものだ。黒いボディーの場合、正反射ではない方向から見た時には、全ての色が吸収されて黒に見える。理想的には反射光量はゼロである。しかし、傷の部分は光を散乱する。だから、黒いボディーに傷がつくと、反射光量ゼロの中に傷による散乱光が見える。この時、散乱光のコントラストは無限大だ。傷はバッチリ見えてしまうのだ。一方、白というのは、全ての色が吸収されずに全ての方向に散乱される時の色だ。ということは正反射の方向からではなくても、ボディーからの反射光量は大きい。そうすると、傷による散乱光量が仮に黒と同じだとしても、コントラストは極めて小さくなるので、傷は見え難いのである。このように、白という色は、僕のように物の取り扱いが乱暴な人間にとっては持って来いの色であることが光学的にも裏付けられているのだ。

さて、白い車は傷が目立ち難く、取り扱いが楽なことがわかった。そして、今回買った車のソリッドな白もカッコ良くて気に入っている。それでも、次に車を買う機会があったら、今度こそ赤にするぞと、僕は心に決めているのだ。しかし、それを実行するためには、セールスマンの口車に揺るがない強い精神力を鍛えておく必要がありそうだ。

やっぱり百聞は一見に如かず

ピサの斜塔は世界でも最も有名な建物の一つであろう。僕も子供の頃から知っていて、「行ってはみたいけれども、きっと実物を見る機会のないところ」と、ずっと思っていた。しかし、人生は何が起こるかわからない。幸運にも、その機会がやってきたのである。2013年のことだ。

ピサの斜塔は欠陥建築だ。だから僕は、斜塔はきっとしょぼい建造物に違いないと勝手に思い込んでいた。でも、実物を目にして、それが全くの勘違いであることがわかった。ピサの斜塔が建つ一帯は「ピサのドゥオモ広場」と呼ばれる。広い芝生の中に、ドゥオモ（大聖堂）、洗礼堂、そしてピサの斜塔と呼ばれる鐘楼が聳え立っている。どれも白い大理石の堂々とした建物だ。外壁の装飾も見事で、統一感のある荘厳な雰囲気の場所なのである。そんな統一感の中で、ピサの斜塔の傾きだけがまるで目の錯覚かと思うほどの不思議さだ。一方で、広場の周りには夥しい土産物屋の屋台が立ち並ぶ。路上には観光客や物売りが溢れ、広場の荘厳さとは対照的に、観光地の俗っぽい雰囲気に満ち溢れている。それはそれで人間臭くて味わい深い風景だ。そんな一切合切は、実際にその地で自分の目で見なければわからなかったことだ。まさに「百聞は一見に如かず」なのである。

ところで、ピサの斜塔は、ガリレオ・ガリレイが物体の落下実験を行ったという逸話（真偽の程は不明）でも有名だ。ガリレオは地動説を主張したことによってキリスト教会と対立し、晩年は宗教裁判にかけられて幽閉生活を余儀なくされた。その宗教裁判のネタにされてしまったのが「天文対話」という書物だ。天文対話は、教会の逆鱗に触れることを避けるために、天動説、地動説のそれぞれを信ずる者同士の対話という形で綴られている。結局これでも弾圧されてしまったのだけれども、それだけインパクトの大きい書物なのである。その中で、天動説派の人物が人伝に聞いていた異国での出来事をもとに天の永遠性を主張したのに対して、地動説派の人物

（おそらくガリレオの分身）がこう言った。「どうして君は他人の報告を信じるばかりで自分の目で観察したり見たりしなかったのですか。」（岩波文庫「天文対話」）。ガリレオは当時発明されたばかりの天体望遠鏡を自作し、それで自ら天体観測を行った。そして、それまでは滑らかな真球だと信じられていた月の表面にクレーターの影を発見したり、木星を周回する衛星を発見し、ついには地動説に確証を持つに至ったのである。彼にとって「自分の目で見る」ということは科学の真髄であったに違いない。天文対話の中には、幾度となく「昔の人たちが見ることができなかったものを今の私たちは数十倍も近い距離で見ることができるのだ」というようなことが述べられている。確かに、望遠鏡はそれまで別世界だった宇宙を間近にして天文科学や世界観を近代化した原動力になったのである。同じ17世紀の後半には顕微鏡が生物学を大きく変えたから、17世紀はまさに見ることが科学をガラリと変えた「百聞は一見に如かず」の世紀と言っても良いだろう。

ちなみに、「百聞は一見に如かず」は中国の実話を元にした古事成語である。これに対し、後世の人が「百見は一考に如かず」（百回見ても考えなければ意味はない）とか、さらには「百考は一行に如かず」（100回考えても行動しなければ意味はない）とか、そんな続きを捻り出して、「一見」の地位を貶めた。まあ、言われてみればそうかもしれないけれども、なんだかご教訓っぽくてつまらない。おそらく、偉そうな人が頭の中で作り出した言葉に違いない。もしも僕が、これに続きを付けるとしたら、絶対にこう言うのだ。「やっぱり百聞は一見に如かず」。

あとがき

2010年から始めたブログではひと月に複数の文章を書いていたから、現在、一般社団法人ドレスト光子研究起点代表理事をされている大津元一先生（当時、東京大学教授）のご紹介でひかりがたりの連載を始めたとき、月に1本書くらいは楽なものだろうと、たかを括っていた。しかし、今度は読者がいる。あまりいい加減な理屈を公然と書くわけにはいかないから、裏取も必要だ。ひかりがたりは「肩ひじ張らずに」というコンセプトなのだけれども、多少は肩肘張ってしまっていたかもしれない。まあ、元々いい加減な人間なので、差し引きちょうど良くなったくらいだろう。会社にいた頃は、平日は仕事があったので、原稿を書くのはもっぱら週末である。それも毎回、締切が迫ってからようやく書き始めていたから、結局は見切り発車で出稿をしてしまったことについては、少し反省している。

それでも、ひかりがたりは100話を超え、僕が会社を退職してフリーサイエンティストとなった今でも連載が続いている。これは、ひとえにオプトロニクス社の三島滋弘編集長に我慢強く僕の原稿を採用し続けていただいたおかげであることは言うまでもない。同時に、日常で繰り広げられる光に関わる事象はいくら語っても尽きることはないものであるということの証明でもあろうと、僕は強く信じているのである。

何はともあれ、本書の発刊に至るまで多くの文章を書き溜められたのは、大津元一先生とともに飲み、光について大いに語り合い、そして飲むという「なのね」のメンバーの応援、励ましによるところが大きい。オプトロニクス編集長の三島滋弘さんもその一味である。オプトロニクス社の野村郁恵さんには、毎月締め切りギリギリに送っていた原稿を優しく受け取っていただいた。

限られた文字数で一通りのストーリーをまとめるためには、趣味で続けている俳句が役に立った。ヘボ俳句しか作らぬ僕を見捨てずに面白がってくれていた相沢慎一さんをはじめとするeメール句会「ひゅー」の俳友メンバーには、自然との向き合い方やその表現などについて大いに刺激を受けた。この本の装丁は、会社時代からの友人であるDesign MeME合同会社の小島健嗣さんによるものである。兎にも角にも多くの方々に支えられての出版である。この場を借りてみなさんに感謝したい。そして、毎月の締め切り直前の週末になると少しイライラしている僕におおらかに付き合ってくれた妻昌子に感謝である。

表紙写真について

表紙の写真は、僕が自宅で自分で撮影したものだ。梅干しは近くのスーパーマーケット売っていた中では一番立派な南高梅の梅干しである。梅干しの上部で輝く光はスマホのLEDである。梅干しとLED光源の位置や、光を発散させるカメラの絞りを試行錯誤して撮った写真が表紙の写真だ。CGは一切使っていない。友人であるDesign MeME合同会社の小島氏のデザインにより、大層素敵な表紙が出来上がった。

梅干しとひかり

定価（本体2,400円+税）

令和４年５月26日　第１版第１刷発行
令和５年９月20日　第２版第１刷発行

著　者　納谷昌之
編　集　三島滋弘
発行所　㈱オプトロニクス社

〒162-0814
東京都新宿区新小川町5-5 サンケンビル1F
Tel.03-3269-3550　㈹ Fax.03-3269-2551
E-mail：editor@optronics.co.jp（編集）
booksale@optronics.co.jp（販売）
URL：http://www.optronics.co.jp

印刷所　大東印刷工業㈱

ISBN978-4-902312-69-0 C3055 ¥2400E